国家出版基金项目
NATIONAL PUBLICATION FOUNDATION

"十三五"国家重点出版物出版规划项目
偏振成像探测技术学术丛书

偏振成像探测技术导论

姜会林　朱京平　著

科学出版社

北　京

内 容 简 介

光学偏振成像探测具有提高目标与背景的对比度、增加浑浊介质中的探测距离、辨识目标真伪等优势，有望破解特定情况下光学成像"认不清""看不远""辨不出"的难题，成为近年探测识别、观测诊断领域研究的热点。越来越多的研发与应用人员希望了解偏振成像探测的一些基本知识，为其解决自身面临的问题提供一个新视野。本书系统介绍偏振成像探测的基础概念、发展历程、典型系统、关键技术、典型应用、趋势展望，旨在为读者深入了解偏振成像探测技术有关具体内容建立一个框架，形成对该技术的宏观认识。

本书是光学偏振成像探测研发人员的入门书，可作为光学、光学工程、电子信息、光信息科学与技术等专业高年级本科生和研究生的教材，也可作为观测诊断、探测识别、光学工程等领域学者了解偏振成像探测全貌的参考书。

图书在版编目（CIP）数据

偏振成像探测技术导论 / 姜会林，朱京平著. —北京：科学出版社，2022.11

（偏振成像探测技术学术丛书）

"十三五"国家重点出版物出版规划项目　国家出版基金项目

ISBN 978-7-03-073922-3

Ⅰ. ①偏⋯ Ⅱ. ①姜⋯ ②朱⋯ Ⅲ. ①偏振光–成像处理
Ⅳ. ①TN911.73

中国版本图书馆 CIP 数据核字（2022）第 222398 号

责任编辑：姚庆爽 / 责任校对：郑金红
责任印制：师艳茹 / 封面设计：陈　敬

科 学 出 版 社　出版

北京东黄城根北街 16 号
邮政编码：100717
http://www.sciencep.com

中国科学院印刷厂印刷

科学出版社发行　各地新华书店经销

*

2022 年 11 月第　一　版　　开本：720×1000　B5
2022 年 11 月第一次印刷　　印张：13 1/4
字数：257 000

定价：128.00 元
（如有印装质量问题，我社负责调换）

"偏振成像探测技术学术丛书"序

信息化时代的大部分信息来自图像，而目前的图像信息大都基于强度图像，不可避免地存在因观测对象与背景强度对比度低而"认不清"，受大气衰减、散射等影响而"看不远"，因人为或自然进化引起两个物体相似度高而"辨不出"等难题。挖掘新的信息维度，提高光学图像信噪比，成为探测技术的一项迫切任务，偏振成像技术就此诞生。

我们知道，电磁场是一个横波、一个矢量场。人们通过相机来探测光波电场的强度，实现影像成像；通过光谱仪来探测光波电场的波长(频率)，开展物体材质分析；通过多普勒测速仪来探测光的位相，进行速度探测；通过偏振来表征光波电场振动方向的物理量，许多人造目标与背景的反射、散射、辐射光场具有与背景不同的偏振特性，如果能够捕捉到图像的偏振信息，则有助于提高目标的识别能力。偏振成像就是获取目标二维空间光强分布，以及偏振特性分布的新型光电成像技术。

偏振是独立于强度的又一维度的光学信息。这意味着偏振成像在传统强度成像基础上增加了偏振信息维度，信息维度的增加使其具有传统强度成像无法比拟的独特优势。

(1) 鉴于人造目标与自然背景偏振特性差异明显的特性，偏振成像具有从复杂背景中凸显目标的优势。

(2) 鉴于偏振信息具有在散射介质中特性保持能力比强度散射更强的特点，偏振成像具有在恶劣环境中穿透烟雾、增加作用距离的优势。

(3) 鉴于偏振是独立于强度和光谱的光学信息维度的特性，偏振成像具有在隐藏、伪装、隐身中辨别真伪的优势。

因此，偏振成像探测作为一项新兴的前沿技术，有望破解特定情况下光学成像"认不清""看不远""辨不出"的难题，提高对目标的探测识别能力，促进人们更好地认识世界。

世界主要国家都高度重视偏振成像技术的发展，纷纷把发展偏振成像技术作为探测技术的重要发展方向。

近年来，国家 973 计划、863 计划、国家自然科学基金重大项目等，对我国偏振成像研究与应用给予了强有力的支持。我国相关领域取得了长足的进步，涌现出一批具有世界水平的理论研究成果，突破了一系列关键技术，培育了大批富有创新意识和创新能力的人才，开展了越来越多的应用探索。

　　"偏振成像探测技术学术丛书"是科学出版社在长期跟踪我国科技发展前沿，广泛征求专家意见的基础上，经过长期考察、反复论证后组织出版的。一方面，丛书汇集了本学科研究人员关于偏振特性产生、传输、获取、处理、解译、应用方面的系列研究成果，是众多学科交叉互促的结晶；另一方面，丛书还是一个开放的出版平台，将为我国偏振成像探测的发展提供交流和出版服务。

　　我相信这套丛书的出版，必将对推动我国偏振成像研究的深入开展起到引领性、示范性的作用，在人才培养、关键技术突破、应用示范等方面发挥显著的推进作用。

王家骐

二〇一九年十一月廿八日

前　言

　　偏振是独立于强度、光谱、相位的又一维度光学信息。目标反射、散射光中的偏振信息包含了丰富的材质、纹理、含水量、边缘等信息。有效地捕捉这些信息成为我们更好地认识世界的前提和保障之一。

　　偏振成像探测技术就是一项"捕捉"偏振信息的技术，它在获取图像的同时获取视景中的偏振信息，具有提高目标与背景的对比度、增加浑浊介质中的探测距离、辨识目标真伪等优势，有望破解特定情况下光学成像"认不清""看不远""辨不出"的难题，成为近年探测识别、观测诊断领域研究的热点，技术发展空间广阔，并在生活娱乐、光学遥感、水下观测、军事侦察、生物医学诊断、工业诊断等领域具有十分广阔的市场应用前景。越来越多的研发与应用人员希望了解偏振成像探测的一些基本知识，为其解决自身面临的问题提供一个新视野。但国内外缺乏一本系统介绍偏振成像探测技术立体框架的导论性书籍。为此，姜会林院士带领团队仔细梳理偏振成像探测技术入门所需的知识体系架构，并汇总了偏振成像探测技术丛书团队的最新研究成果，形成了本书。

　　本书内容共分6章。第1章阐述了偏振概念与表征，旨在从偏振现象入手促进读者建立偏振的基本概念，了解偏振光的分类，熟悉光偏振态的几种表示方法，为偏振成像探测技术学习奠定基础；第2章是偏振成像探测，首先建立偏振成像的概念，提出其分类方法，并从物理机理本质出发提炼出偏振成像探测的优势，综述分析了偏振成像探测技术国内外发展历程；第3章是典型偏振成像探测系统，阐述了获得偏振图像的四类探测技术，以及每类技术中几种代表性系统；第4章提炼了偏振成像关键技术，且每一关键技术给出了一个范例；第5章综述了偏振成像探测技术在生活、遥感探测、生物医学与疾病诊断、水下目标成像及军事方面的应用；第6章展望了偏振成像探测各有关方面的发展趋势，提炼了一些有潜力的新兴技术。

　　姜会林院士带领朱京平教授构建了全书框架，凝练出了偏振成像"凸显目标"、穿透烟雾、识别真伪的核心优势，并组织了本书编写团队；朱京平教授负责组稿和初稿编著实施；长春理工大学段锦教授、付强教授带领张肃、战俊彤等团队成员进行了初稿详细修订，并贡献了偏振传输演化特性、部分遥感探测中应用、偏振军事应用等的主要内容；马辉教授团队贡献了 Mueller 矩阵成像系统、生物医学与疾病诊断中的应用等的主要内容；潘泉教授、赵永强副教授团队贡献了分焦平面成像探测系统的主要内容；邵晓鹏教授、刘飞教授团队贡献了偏振图像重构关键技术、偏振信息融合重构趋势等内容，胡浩丰教授团队贡献了液晶偏振成像、部分水下偏振成像应用内容等；孙晓兵研究员团队贡献了大气偏振遥感应用的主要内容。可以说，这本书凝聚了大多数编委的心血，是国内众多偏振成像探测优势单位共同努力的结晶！是偏振成像探测技术的入门著作，也是"偏振成像探测技术学术丛书"的序言，有关具体内容在各分册中会得到完满展现。

本书有关工作得到了国家安全重大基础研究计划项目"偏振成像探测基础问题研究"(613225)、国家自然科学基金重大项目"海洋监测多维高分辨光学成像理论与方法"(61890960)、国家自然科学基金重大课题"多维度高分辨信息获取方法与机制研究"(61890961)、国家自然科学基金重大仪器设备专项"面向恶劣条件下飞机降落视觉辅助的多谱段偏振成像仪器"(62127813)等的资助，在此表示衷心的感谢！

非常感谢国家出版基金的资助，感谢"偏振成像探测技术学术丛书"编委会和专家评委对本书的审核认可；感谢王家骐院士为本丛书作序；感谢金国藩院士、相里斌院士、庄松林院士对本书的审查、建议和鼎力推荐；感谢郭奉奇、邓金鑫、李浩翔等十余位博士、硕士对本书文稿、图表的加工和辛劳付出。

科学出版社对于本书的编写和出版给予了热情的支持，对此深切感谢！

由于作者知识水平有限，难免存在错误与偏见，敬请各方专家和广大读者不吝赐教。作者电子邮箱 jpzhu@xjtu.edu.cn.

作 者

2022 年 10 月

目　　录

第1章 偏振概念与表征

偏振是光的固有特性之一，是光波横波性的一种外在表现。它独立于光波的强度、光谱，是光波在垂直于传播方向的平面内电矢量在不同方向上表现出的不相等现象。

太阳光本身是无偏光，但由菲涅耳反射定律及基尔霍夫定律可知，它与大气和物体表面作用后会起偏。也就是说，地表和大气中的任何物体在折射、反射和辐射光的过程中由于表面形貌、纹理、含水量、介电系数以及入射光角度的不同都会产生由其自身性质所决定的特征偏振。这表明偏振具有信息载体作用，若能有效获取偏振信息，则可获得大量的、以往强度与光谱不能反映的目标属性(如形状、结构、材质、表面特征与轮廓等)信息。绝大多数自然目标的偏振远远小于车辆、飞机等人造目标的偏振。

1.1 偏振光的概念与分类

本节首先介绍光偏振现象的发现过程及解释，之后给出偏振光的概念、分类及光偏振态的表示方法。

1.1.1 光偏振现象的发现与诠释

丹麦科学家拉斯穆·巴多林(Rasmus Bartholin)于1669年发现了光束通过冰洲石(Iceland spar)时会出现双折射现象：照射到冰洲石上的光束会被折射分为两束，一束遵守普通折射定律，称为"寻常光"；另一束不遵守普通折射定律，称为"非常光"，如图1-1所示，但他无法解释这现象的物理机制。

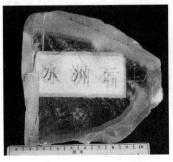

图1-1 冰洲石产生的双折射现象

克里斯蒂安·惠更斯也注意到这一奇特现象，并于 1690 年在其著作《光论》的后半部里进行了详细论述[1]。他认为这是由于空间存在两种不同物质，导致光被分为两束，分别以不同的波前及速度在空间传播，且这两束光与原光束的性质不同。将其中任一束光照射到绕光轴旋转的第二块冰洲石后，折射出来的两束光辐照度不断变化，有时甚至只留下一束光。由于他认为光波是纵波，无法解释这一现象。

艾萨克·牛顿看到这一现象，提出猜想：组成光束的粒子可能具有垂直于移动方向振动的性质。

双折射现象引起了法兰西学术院的注意，该学院于 1808 年提议将 1810 年物理奖比赛的题目定为"给出双折射现象的数学解释，并进行实验验证"。

马吕斯(Malus，1775—1812)(图 1-2)决定参赛。他观察日光照到卢森堡宫玻璃窗的反射光束，发现特定入射角照射时，反射光的行为与惠更斯观察到的折射光性质类似，并称其为"偏振"性质，并提出猜想：组成光束的每一光线具有自身特定的不对称性；当所有光线具有相同的不对称性时，光束呈现偏振性；当光线不对称性随机指向不同方向时，光束具有非偏振性；处于以上两种情况之间时，光束具有部分偏振性。不单是玻璃，任何透明的固体或液体都会产生这种现象。他又实验总结出马吕斯定律[2]：一束光强为 I_0 的线偏振光，透过检偏器以后，透射光的光强 $I = I_0\cos^2\alpha$，式中 α 是线偏振光的光振动方向与检偏器透振方向间的夹角。马吕斯因其创意实验及丰硕成果，摘下 1810 年物理奖比赛桂冠，也被后人尊称为"偏振之父"。

图 1-2　偏振之父——马吕斯

后来，奥古斯丁·菲涅耳与弗朗索瓦·阿拉戈合作研究偏振对于托马斯·杨干涉实验的影响，但他们认为光波是纵波，无法给出合理解释。1817 年，他们采纳了托马斯·杨的建议：假设光波是横向振动的横波，将其分解为两个相互正交的分量，有效解释了全偏振光的物理性质，但无法解释非偏振光或部分偏振光。

1852 年，乔治·斯托克斯提出任何偏振态的偏振光(不仅包括全偏光，而且包括非偏振光与部分偏振光)都可以通过四个量化的测量值完整描述，这就是斯托克斯参数(Stokes parameters)。

1928 年，美国的埃德温·赫伯特·兰德做出了 J 型偏光片[3]，1938 年发明了 H 型偏光片，从此，人们开始了对偏振光的认识、控制与探测等系列探索与应用。

1.1.2　偏振光的概念

光具有波粒二象性，其本质是横向电磁波，其电场矢量 E 和磁场矢量 H 彼此正交[4]，且均与波传播方向垂直，如图 1-3 所示。因此要完全描述光波还必须指明光场中任一点、任一时刻光矢量的方向，即光波的矢量特性。光的偏振现象就是光矢量性质的表现。

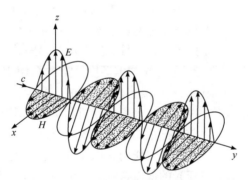

图 1-3　偏振光示意图

光波的固有特性包括振幅、波长、位相、偏振[5]。

目前已知的光的作用效应一般都与其电场强度有关[6]。光在传播的过程中，其电场强度矢量以确定的频率在垂直于光传播方向的平面内发生周期性变化，矢端轨迹一般会形成一个椭圆，并且可以按照其绕光传播方向旋转的方式分为左旋和右旋两种。偏振就是表征光传播过程中电场矢量振动方向以一定频率周期性规则变化特征的一个物理量，它反映了在光传播过程中电磁场的振动形式。

光的偏振是普遍存在的，自然界中任何一个光子都是偏振的，但不同光子的偏振方式一般不同。光波在介质中传播或与介质界面作用时，其偏振状态会发生一定的变化，原因在于光与介质分子或各种杂质微粒的相互作用导致电磁场振动方式改变。光波偏振状态变化的情况与介质或界面的特点有关，于是，偏振状态自然也就携带了与光的辐射及传输过程有关的介质信息。这就为我们通过偏振测量来解释和利用目标及传输路径的光学特性提供了物理依据。

偏振光主要涉及近紫外、可见光和红外波段，图 1-4 为电磁波谱的示意图。作为特定波段的电磁波，光的传播符合麦克斯韦方程。光的偏振与微波波段的极化在物理本质上是一致的，只是由于历史的原因有了不同的称谓。

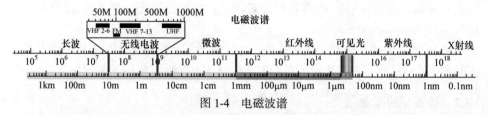

图 1-4　电磁波谱

光的偏振状态需要两个独立的参数来确定。这两个参数可以选为椭圆长轴的方向以及短轴与长轴之比。通过光学测量掌握光波的偏振状态，就可以准确获得描述偏振的物理参数并提取出其所携带的有关目标和传输过程的信息。

虽然每一个光子都是偏振的，但不同光子的偏振状态却不一致。因此，通常条件下接收到的光往往包含各种不同的偏振成分，测量结果反映的是大量不同偏振状态光子的统计行为，所以并不能对应于某一个特定的偏振状态。不过，自然光受环境影响通常都有一定的统计特异性，表现为"部分偏振光"。在很多情况下，需要对这些统计上的特异性有所了解。"偏振度"反映了不同偏振成分的比例，而"偏振化方向"描述电场强度矢量振动占优的方向。

粒子对光的散射作用，以及介质表面的反射和折射作用等都会影响光的偏振特性。太阳光在进入大气之前偏振很弱。进入大气层之后，由于大气和水圈中的空气分子、气溶胶粒子等对光的散射作用，以及水面、泥土、岩石、植被等的表面对光的反射作用，都会改变光的偏振特性，在天空中形成相对稳定的偏振特征分布。图 1-5 为大气中光的辐射传输示意图。

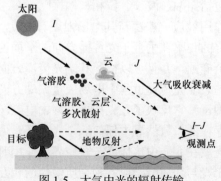

图 1-5　大气中光的辐射传输

1.1.3　偏振光的分类

根据偏振状态的不同，自然界中的光可分为三类(五种)。

1. 非偏光(即自然光)

日常可见光的大多数光源，包括黑体辐射、荧光、太阳光等，发射出非相干光，意味着光源中处于激发态的原子或分子会独立、毫无关联地发射出随机偏振的电磁辐射波列，每个波列持续不到 10^{-8}s，所以，光波的偏振只能保持不超过 10^{-8}s，也就是说这种光由大量彼此无关的光子构成，它们各自具有自己的偏振状态，偏振方式随机变化，宏观统计平均在空间所有可能的方向上，没有哪个方向更有优势，所以经过时间积累而获得的观测结果通常不会表现出光波在振动方向或振动模式上的特异性，即光矢量具有轴对称性、均匀分布、各方向振动的振幅相同，我们称这种光波为"非偏振光"，也叫自然光，如图 1-6 所示。

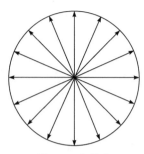

图 1-6　自然光
(迎着传播方向的截面)

2. 完全偏振光

完全偏振光就是光传播的过程中大量粒子均具有相同振动方向的光，包含椭圆偏振光、圆偏振光、线偏振光。

1) 椭圆偏振光

光在传播的过程中，光波电场强度矢量以确定的频率在垂直于光传播方向的平面内发生周期性变化，其矢端轨迹一般会形成一个椭圆，称为椭圆偏振光，如图 1-7 所示。迎着光传播方向看，若绕光传播方向顺时针方向旋转，则称右旋光；若逆时针方向旋转，则称左旋光。

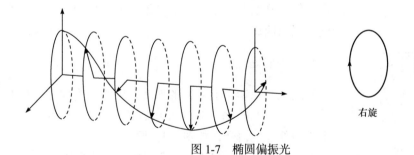

右旋　　　左旋

图 1-7　椭圆偏振光

2) 圆偏振光

圆偏振光是传播过程中电场强度矢端轨迹与传播方向垂直的平面内投影为圆的光，如图 1-8 所示。

圆偏振光是椭圆偏振光的特殊情形。在我们的观察时间段中平均后，圆偏振光看上去是与自然光一样的。但是圆偏振光的偏振方向是按一定规律变化的，而自然光的偏振方向变化是随机的、没有规律的。

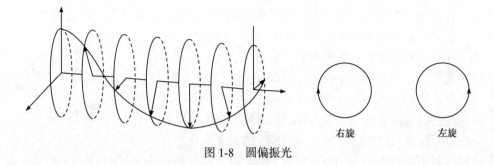

图 1-8　圆偏振光

3) 线偏振光

光矢量端点的轨迹为直线，即光矢量只沿着一个确定的方向振动，其大小随相位变化，方向不变，这样的光称为线偏振光，如图 1-9 所示。

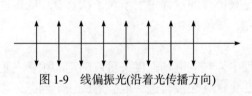

图 1-9　线偏振光(沿着光传播方向)

线偏振也是椭圆偏振的特殊情况。

自然界中出现严格意义下的线偏振或圆偏振光的概率为零，但在椭圆非常狭长或非常饱满时可以分别近似视为线偏振或圆偏振。

3. 部分偏振光

光波包含一切可能方向的振动，但不同方向上的振幅不等，在两个互相垂直的方向上振幅具有最大值和最小值的光称为部分偏振光，如图 1-10 所示。

部分偏振光是自然光与完全偏振光的混合体。

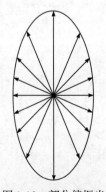

图 1-10　部分偏振光
(迎着传播方向的截面)

1.2　光偏振态的表示方法

光的偏振态通常用四种方法表示，分别是：三角函数法、琼斯(Jones)矢量法，斯托克斯(Stokes)矢量法和庞加莱(Poincaré)球法[7]。

1.2.1　三角函数法

光波作为电磁波的一种，具有电磁波的一系列物理性质。考虑一束沿 z 方向传播的光束，其电场和磁场振动均位于 xy 平面内，且振动方向互相垂直，则该光束的电场矢量表达式为

$$\boldsymbol{E} = E_0 \cos\left(\omega t - kz + \varphi_0\right) \tag{1.1}$$

其中，E_0 为光波振幅，ω 为光波频率，t 为传播时间，k 为波矢的大小，z 为光波在传输方向 z 上某点到原点的位置，φ_0 为初始相位。

由电磁波的矢量特性出发可将光波在 x 轴和 y 轴方向上分解，即

$$E_x = E_{0x} \cos(\omega t - kz + \varphi_{0x}) \tag{1.2}$$

$$E_y = E_{0y} \cos(\omega t - kz + \varphi_{0y}) \tag{1.3}$$

其中，E_{0x} 和 E_{0y} 为光波在 x 和 y 轴方向上的振幅，φ_{0x} 和 φ_{0y} 为光波在 x 和 y 轴方向上的初始相位。

联立式(1.2)和式(1.3)可得

$$\frac{E_x^2}{E_{0x}^2} + \frac{E_y^2}{E_{0y}^2} - 2\frac{E_x E_y}{E_{0x} E_{0y}} \cos\varphi = \sin^2\varphi \tag{1.4}$$

其中，$\varphi = \varphi_{0x} - \varphi_{0y}$ 为 x 和 y 轴方向上相位的差值。

该方程表明振动方向相互正交的两电场矢量 E_x 和 E_y 叠加后的电场矢量为椭圆偏振光，如图 1-11 所示。椭圆的空间取向与形状分别由振幅比 E_{0x}/E_{0y} 和相位差 φ 决定。因此，利用 E_{0x}、E_{0y} 和 φ 三个参量就可完整地描述任意椭圆偏振光的性质。

当相位差 $\varphi = k\pi\,(k = 0, \pm1, \pm2, \cdots)$ 时，式(1.4)演变为

$$\frac{E_x}{E_y} = \frac{E_{0x}}{E_{0y}} \mathrm{e}^{\mathrm{i}k\pi} \tag{1.5}$$

此时，椭圆演化为一条直线，将该偏振光称为线偏振光。当 k 为偶数时，线偏光在第一和第三象限振动；当 k 为奇数时，线偏振光在第二和第四象限振动。

当两振幅分量 E_{0x} 和 E_{0y} 相等，且相位差 $\varphi = \dfrac{\pi}{2} + k\pi\,(k = 0, \pm1, \pm2, \cdots)$ 时，式(1.4)演变为

$$E_x^2 + E_y^2 = E_0^2 \tag{1.6}$$

其复数形式为

$$\frac{E_x}{E_y} = \mathrm{e}^{\pm \mathrm{i}\frac{\pi}{2}} = \pm \mathrm{i} \tag{1.7}$$

此时，椭圆演化为圆，对应的偏振光称作圆偏振光，± 表示偏振光为右旋圆偏振光或左旋圆偏振光。此处右旋与左旋圆偏振光的定义为逆着光传输方向观测，若光矢量顺时针旋转，则偏振光为右旋圆偏振光，若光矢量逆时针旋转，则偏振光为左旋圆偏振光。

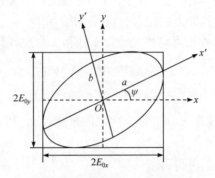

图 1-11   椭圆偏振光和偏振椭球

一般情况下，在垂直于偏振光传输方向的平面内，电场矢量的大小和方向均会发生改变，光矢量的轨迹为椭圆形，此时的偏振光为椭圆偏振光，如图 1-7 所示。令

$$\frac{E_{0x}}{E_{0y}} = \tan\alpha, \quad 0 \leqslant \alpha \leqslant \frac{\pi}{2} \tag{1.8}$$

$$\pm\frac{b}{a} = \tan\chi, \quad -\frac{\pi}{4} \leqslant \chi \leqslant \frac{\pi}{4} \tag{1.9}$$

其中，α 为偏振椭圆的辅助角，χ 为椭圆率角。

二者与椭圆方位角 ψ 的关系为

$$\begin{aligned}\tan 2\psi &= \tan 2\alpha \cos\varphi \\ \sin 2\chi &= \sin 2\alpha \sin\varphi\end{aligned} \tag{1.10}$$

其中，ψ 的取值范围为 $[0, \pi]$。

椭圆的长半轴 a 和短半轴 b 之间满足

$$a^2 + b^2 = E_{0x}^2 + E_{0y}^2 \tag{1.11}$$

1.2.2   琼斯矢量法

琼斯(Jones)在 1941 年至 1956 年的《美国光学学会杂志》(Journal of the Optical

Society of America)上发表的八篇论文中，提出了以他的名字命名偏振元件矩阵形式的数学框架，奠定了以 Jones 矢量(Jones vector)和 Jones 矩阵(Jones matrix)对偏振光的描述方式。

1. 偏振光的 Jones 矢量表示法

光场中的复数项其的平面波部分可以表示为

$$E_x(z,t) = E_{0x}e^{i(\omega t - kz + \delta_x)} \tag{1.12}$$

$$E_y(z,t) = E_{0y}e^{i(\omega t - kz + \delta_y)} \tag{1.13}$$

传播因子 $\omega t - kz$ 保持不变。所以式(1.12)和式(1.13)也可以写成

$$E_x = E_{0x}e^{i\delta_x} \tag{1.14}$$

$$E_y = E_{0y}e^{i\delta_y} \tag{1.15}$$

式(1.14)和式(1.15)可以排列成为一个 2×1 的列矩阵 E，即

$$E = \begin{bmatrix} E_x \\ E_y \end{bmatrix} = \begin{bmatrix} E_{0x}e^{i\delta_x} \\ E_{0y}e^{i\delta_y} \end{bmatrix} \tag{1.16}$$

将其称为 Jones 列矩阵或者简称为 Jones 矢量。巧合的是，式(1.16)的右侧即椭圆偏振光的 Jones 矢量。

在式(1.16)所示的 Jones 矢量，振幅 E_{0x} 和 E_{0y} 的最大值是实数。而指数的复参量使 E_x 和 E_y 成为复数。在开始推导各种偏振光的 Jones 矢量之前，首先我们讨论一下 Jones 矢量的归一化问题：通常习惯用归一化形式表述 Jones 矢量。总的光场强度可以由下式给出：

$$I = E_x E_x^* + E_y E_y^* \tag{1.17}$$

式(1.17)通过下面矩阵乘法给出，即

$$I = \begin{bmatrix} E_x^* & E_y^* \end{bmatrix} \begin{bmatrix} E_x \\ E_y \end{bmatrix} \tag{1.18}$$

行向量 $(E_x^* \quad E_y^*)$ 是 Jones 矢量的复转置(E 为列向量)，可以写作 $E^\dagger$，因此

$$E^\dagger = \begin{bmatrix} E_x^* & E_y^* \end{bmatrix} \tag{1.19}$$

所以

$$I = E^\dagger E \tag{1.20}$$

即式(1.17)，通过计算式(1.20)的矩阵乘法，利用式(1.16)可得

$$E_{0x}^2 + E_{0y}^2 = I = E_0^2 \tag{1.21}$$

习惯上设 $E_0^2 = 1$，因此可以说 Jones 矢量是一个归一化的矢量。式(1.18)归一化后可以写为

$$\boldsymbol{E}^{\dagger}\boldsymbol{E} = 1 \tag{1.22}$$

我们发现 Jones 矢量只能用来描述完全偏振光。对于水平线偏振光，其中 $E_y = 0$，Jones 矢量可写为

$$\boldsymbol{E} = \begin{bmatrix} E_{0x}\mathrm{e}^{\mathrm{i}\delta_x} \\ 0 \end{bmatrix} \tag{1.23}$$

根据式(1.22)所示的归一化条件，可得 $E_{0x}^2 = 1$。为简化计算，水平线偏振光的归一化 Jones 矢量可以写作

$$\boldsymbol{E} = \begin{bmatrix} 1 \\ 0 \end{bmatrix} \tag{1.24}$$

用同样的方法可以得到其他偏振态光线的 Jones 矢量。

当矢量 $\boldsymbol{A}$ 与矢量 $\boldsymbol{B}$ 满足条件 $\boldsymbol{AB} = 0$ 或者当两矢量为复数时满足 $\boldsymbol{A}^{\dagger}\boldsymbol{B} = 0$，则我们称该两矢量相互正交。举例来说，对于水平线偏振光和垂直线偏振光，有

$$\begin{bmatrix} 1 & 0 \end{bmatrix}^* \begin{bmatrix} 0 \\ 1 \end{bmatrix} = 0 \tag{1.25}$$

所以可以说两种状态是相互正交的。由于使用的是归一化的矢量，还可以称之为标准正交。类似地，对于左旋圆偏振光与右旋圆偏振光也有相同的性质。

$$\begin{bmatrix} 1 & +\mathrm{i} \end{bmatrix}^* \begin{bmatrix} 1 \\ -\mathrm{i} \end{bmatrix} = 0 \tag{1.26}$$

因此，对于两个 Jones 矢量 E_1 和 E_2 正交化条件

$$E_i^{\dagger} E_j = 0 \tag{1.27}$$

通过正交条件(1.27)和归一化条件(1.22)可以写出一个单独的式，即

$$E_i^{\dagger} E_j = \delta_{ij}, \quad i,j = 1,2 \tag{1.28}$$

其中，δ_{ij} 是克罗内克符号，有如下性质：

$$\delta_{ij} = 1, \quad i = j \tag{1.29}$$

$$\delta_{ij} = 0, \quad i \neq j \tag{1.30}$$

借助非相干光强叠加或 Stokes 矢量叠加的方法来计算相关振幅的叠加，即

Jones 矢量的叠加，例如，水平偏振矢量 E_H 与垂直偏振矢量 E_V

$$E_H = \begin{bmatrix} E_{0x}e^{i\delta_x} \\ 0 \end{bmatrix}$$
$$E_V = \begin{bmatrix} 0 \\ E_{0y}e^{i\delta_y} \end{bmatrix} \tag{1.31}$$

叠加得

$$E = E_H + E_V = \begin{bmatrix} E_{0x}e^{i\delta_x} \\ E_{0y}e^{i\delta_y} \end{bmatrix} \tag{1.32}$$

上式即为椭圆偏振光的 Jones 矢量。表明，将两个正交线性偏振光进行叠加可以获得椭圆偏振光。如果 $E_{0x} = E_{0y}$ 且 $\delta_y = \delta_x$，那么从式(1.32)中可以得到

$$E = E_{0x}e^{i\delta_x}\begin{bmatrix} 1 \\ 1 \end{bmatrix} \tag{1.33}$$

上式表示+45°偏振态的线偏振光。式(1.33)还可由水平线偏振光和垂直线偏振光 Jones 矢量叠加得到，即

$$E = E_H + E_V = \begin{bmatrix} 1 \\ 0 \end{bmatrix} + \begin{bmatrix} 0 \\ 1 \end{bmatrix} = \begin{bmatrix} 1 \\ 1 \end{bmatrix} \tag{1.34}$$

典型偏振光的 Jones 矢量如表 1-1 所示。但 Jones 矢量只能表示完全偏振光，不能描述部分偏振光和非偏光，因此在实际应用中受到了较多的限制。

表 1-1 典型偏振光的 Jones 矢量

偏振态	符号	Jones 矢量
水平线偏振光	↔	$\begin{bmatrix} 1 \\ 0 \end{bmatrix}$
垂直线偏振光	↕	$\begin{bmatrix} 0 \\ 1 \end{bmatrix}$
45°线偏振光	↗	$\dfrac{\sqrt{2}}{2}\begin{bmatrix} 1 \\ 1 \end{bmatrix}$
左旋圆偏振光	◯	$\dfrac{\sqrt{2}}{2}\begin{bmatrix} i \\ 1 \end{bmatrix}$
右旋圆偏振光	◯	$\dfrac{\sqrt{2}}{2}\begin{bmatrix} 1 \\ i \end{bmatrix}$

2. 典型偏振元件的 Jones 矩阵

为了推导偏振片、波片和旋光片等典型偏振元件的 Jones 矩阵，首先假设从偏振元件中的出射光与入射光线性相关，表示为

$$E'_x = j_{xx}E_x + j_{xy}E_y$$
$$E'_y = j_{yx}E_x + j_{yy}E_y \tag{1.35}$$

其中，E'_x 和 E'_y 为出射光的电场分量，E_x 和 E_y 为入射光的电场分量，j_{ik}(i、k 可分别取 x 或 y)为传输因子。

将式(1.35)写成矩阵形式

$$\begin{bmatrix} E'_x \\ E'_y \end{bmatrix} = \begin{bmatrix} j_{xx} & j_{xy} \\ j_{yx} & j_{yy} \end{bmatrix} \begin{bmatrix} E_x \\ E_y \end{bmatrix} \tag{1.36}$$

或

$$\boldsymbol{E}' = \boldsymbol{J}\boldsymbol{E} \tag{1.37}$$

其中

$$\boldsymbol{J} = \begin{bmatrix} j_{xx} & j_{xy} \\ j_{yx} & j_{yy} \end{bmatrix} \tag{1.38}$$

矩阵 $\boldsymbol{J}$ 称作 Jones 器件矩阵，简称 Jones 矩阵。

1) 偏振片的 Jones 矩阵

偏振片对光线的作用可由下式表示，即

$$E'_x = p_xE_x, \quad 0 \leqslant p_x \leqslant 1$$
$$E'_y = p_yE_y, \quad 0 \leqslant p_y \leqslant 1 \tag{1.39}$$

若光全部通过，则 $p_{x,y} = 1$；若光全部衰减，则 $p_{x,y} = 0$。用 Jones 矢量的形式表示入射光和出射光，则式(1.39)可写作

$$\begin{bmatrix} E'_x \\ E'_y \end{bmatrix} = \begin{bmatrix} p_x & 0 \\ 0 & p_y \end{bmatrix} \begin{bmatrix} E_x \\ E_y \end{bmatrix} \tag{1.40}$$

因此偏振片的 J_p 为

$$J_p = \begin{bmatrix} p_x & 0 \\ 0 & p_y \end{bmatrix}, \quad 0 \leqslant p_{x,y} \leqslant 1 \tag{1.41}$$

对于一个理想水平线性偏振片，光线沿着水平轴向(x 轴向)无损耗，沿着垂直轴向(y 轴向)为全部衰减。此意味着 $p_x = 1$ 和 $p_y = 0$，所以水平线偏振片 Jones 矩阵 J_{PH} 由式(1.41)演化为

$$J_{PH} = \begin{bmatrix} 1 & 0 \\ 0 & 0 \end{bmatrix} \tag{1.42}$$

类似地，一个理想垂直线性偏振片的 Jones 矩阵 J_{PH} 由式(1.41)可表述为

$$J_{PV} = \begin{bmatrix} 0 & 0 \\ 0 & 1 \end{bmatrix} \tag{1.43}$$

一个旋转了角度 θ 的线性偏振片的 Jones 矩阵可通过我们十分熟悉的旋转变换方法来获取：

$$J' = J(-\theta)JJ(\theta) \tag{1.44}$$

其中，J 已经由式(1.38)给出，$J(\theta)$ 为旋转矩阵，即

$$J(\theta) = \begin{bmatrix} \cos\theta & \sin\theta \\ -\sin\theta & \cos\theta \end{bmatrix} \tag{1.45}$$

对于 Mueller(缪勒)矩阵为式(1.41)所示的线性偏振片，其旋转 θ 角度后，根据式(1.44)可得

$$J' = \begin{bmatrix} \cos\theta & -\sin\theta \\ \sin\theta & \cos\theta \end{bmatrix} \begin{bmatrix} p_x & 0 \\ 0 & p_y \end{bmatrix} \begin{bmatrix} \cos\theta & \sin\theta \\ -\sin\theta & \cos\theta \end{bmatrix} \tag{1.46}$$

因此，旋转偏振片的 Jones 矩阵为

$$J(\theta) = \begin{bmatrix} p_x\cos^2\theta + p_y\sin^2\theta & (p_x-p_y)\sin\theta\cos\theta \\ (p_x-p_y)\sin\theta\cos\theta & p_x\sin^2\theta + p_y\cos^2\theta \end{bmatrix} \tag{1.47}$$

对于理想水平线偏振片，可以在式(1.47)设定 $p_x=1$ 且 $p_y=0$，所以理想水平旋转线偏振片的 Jones 矩阵为

$$J(\theta) = \begin{bmatrix} \cos^2\theta & \sin\theta\cos\theta \\ \sin\theta\cos\theta & \sin^2\theta \end{bmatrix} \tag{1.48}$$

借助式(1.48)可得旋转+45°线偏振片的 Jones 矩阵为

$$J_p(45°) = \frac{1}{2}\begin{bmatrix} 1 & 1 \\ 1 & 1 \end{bmatrix} \tag{1.49}$$

如果线偏振片不是理想的偏振片，那么根据式(1.47)，旋转 45°偏振片的 Jones 矩阵为

$$J_p(45°) = \frac{1}{2}\begin{bmatrix} p_x+p_y & p_x-p_y \\ p_x-p_y & p_x+p_y \end{bmatrix} \tag{1.50}$$

若 $\theta = 0°$ 和 $90°$，那么式(1.48)则分别演化为式(1.42)和式(1.43)，分别表示水平与垂直线偏振片的 Jones 矩阵。

式(1.47)还可以用来描述中灰(ND)镜。中灰镜的条件为 $p_x = p_y = p$，所以式(1.47)可以简化为

$$J_{\mathrm{ND}}(\theta) = p\begin{bmatrix} 1 & 0 \\ 0 & 1 \end{bmatrix} \tag{1.51}$$

因此，$J_{\mathrm{ND}}(\theta)$ 与旋转角 θ 无关，同时矩阵的振幅等于衰减系数 p 的值。这就是中性密度滤光器的作用，式(1.51)中的单位矩阵(对角线为 1)的存在，确认了中灰镜不改变入射光偏振态的性能。

2) 波片的 Jones 矩阵

延迟器沿着快轴(x 轴)的方向增加了 $+\phi/2$ 相位，沿慢轴(y 轴)延迟了 $-\phi/2$ 的相位。可以描述为

$$\begin{aligned} E_x' &= \mathrm{e}^{+\mathrm{i}\phi/2}E_x \\ E_y' &= \mathrm{e}^{-\mathrm{i}\phi/2}E_y \end{aligned} \tag{1.52}$$

其中，E_x' 和 E_y' 为出射光的电场；E_x 和 E_y 为入射光的电场。同样可以用 Jones 矢量的形式表示入射光和出射光，则式(1.52)为

$$J' = \begin{bmatrix} E_x' \\ E_y' \end{bmatrix} = \begin{bmatrix} \mathrm{e}^{+\mathrm{i}\phi/2} & 0 \\ 0 & \mathrm{e}^{-\mathrm{i}\phi/2} \end{bmatrix}\begin{bmatrix} E_x \\ E_y \end{bmatrix} \tag{1.53}$$

由此可得波片的 Jones 矩阵为

$$J_R(\phi) = \begin{bmatrix} \mathrm{e}^{+\mathrm{i}\phi/2} & 0 \\ 0 & \mathrm{e}^{-\mathrm{i}\phi/2} \end{bmatrix} \tag{1.54}$$

其中，ϕ 为场分量中的总相移。

科学研究中最常用的波片有两种，分别为 1/4 波片与半波片，它们的 ϕ 分别为 $90°$ 和 $180°$。根据式(1.54)可知，1/4 波片和半波片的 Jones 矩阵分别为

$$J_R\left(\frac{\lambda}{4}\right) = \begin{bmatrix} \mathrm{e}^{\mathrm{i}\pi/4} & 0 \\ 0 & \mathrm{e}^{-\mathrm{i}\pi/4} \end{bmatrix} = \mathrm{e}^{\mathrm{i}\pi/4}\begin{bmatrix} 1 & 0 \\ 0 & \mathrm{e}^{-\mathrm{i}\pi/2} \end{bmatrix} = \mathrm{e}^{\mathrm{i}\pi/4}\begin{bmatrix} 1 & 0 \\ 0 & -\mathrm{i} \end{bmatrix} \tag{1.55}$$

$$J_R\left(\frac{\lambda}{2}\right) = \begin{bmatrix} \mathrm{e}^{\mathrm{i}\pi/2} & 0 \\ 0 & \mathrm{e}^{-\mathrm{i}\pi/2} \end{bmatrix} = \begin{bmatrix} \mathrm{i} & 0 \\ 0 & -\mathrm{i} \end{bmatrix} = \mathrm{i}\begin{bmatrix} 1 & 0 \\ 0 & -1 \end{bmatrix} \tag{1.56}$$

由式(1.54)、式(1.44)和式(1.45)可知，旋转波片的 Jones 矩阵为

$$\boldsymbol{J}_R(\phi,\theta) = \begin{bmatrix} e^{i\phi/2}\cos^2\theta + e^{-i\phi/2}\sin^2\theta & (e^{i\phi/2} - e^{-i\phi/2})\sin\theta\cos\theta \\ (e^{i\phi/2} - e^{-i\phi/2})\sin\theta\cos\theta & e^{i\phi/2}\sin^2\theta + e^{-i\phi/2}\cos^2\theta \end{bmatrix} \tag{1.57}$$

借助三角函数半角公式，式(1.57)可写为

$$\boldsymbol{J}_R(\phi,\theta) = \begin{bmatrix} \cos\dfrac{\phi}{2} + i\sin\dfrac{\phi}{2}\cos 2\theta & i\sin\dfrac{\phi}{2}\sin 2\theta \\ i\sin\dfrac{\phi}{2}\sin 2\theta & \cos\dfrac{\phi}{2} - i\sin\dfrac{\phi}{2}\cos 2\theta \end{bmatrix} \tag{1.58}$$

对于 1/4 波片和半波片，式(1.58)分别简化为

$$\boldsymbol{J}_R\left(\dfrac{\lambda}{4},\theta\right) = \begin{bmatrix} \dfrac{1}{\sqrt{2}} + \dfrac{i}{\sqrt{2}}\cos 2\theta & \dfrac{i}{\sqrt{2}}\sin 2\theta \\ \dfrac{i}{\sqrt{2}}\sin 2\theta & \dfrac{1}{\sqrt{2}} - \dfrac{i}{\sqrt{2}}\cos 2\theta \end{bmatrix} \tag{1.59}$$

和

$$\boldsymbol{J}_R\left(\dfrac{\lambda}{2},\theta\right) = i\begin{bmatrix} \cos 2\theta & \sin 2\theta \\ \sin 2\theta & -\cos 2\theta \end{bmatrix} \tag{1.60}$$

式(1.60)中的 i 为单位模，且可以被省去。所以通常将式(1.60)简写为

$$\boldsymbol{J}_R\left(\dfrac{\lambda}{2},\theta\right) = \begin{bmatrix} \cos 2\theta & \sin 2\theta \\ \sin 2\theta & -\cos 2\theta \end{bmatrix} \tag{1.61}$$

可以看出式(1.61)和旋光器的矩阵十分相似，即

$$\boldsymbol{J}(\theta) = \begin{bmatrix} \cos\theta & \sin\theta \\ -\sin\theta & \cos\theta \end{bmatrix} \tag{1.62}$$

然而，式(1.61)与式(1.62)有两处不同。首先，在式(1.61)中，2θ 代替了式(1.62)中的 θ。这表明，若将波片旋转 θ，则偏振椭圆旋转 2θ。其次，对波片进行顺时针旋转会导致偏振椭圆的逆时针旋转。

为了更清楚地描述该现象，下面以水平线偏振光为例进行介绍。水平线偏振光的 Jones 矢量为

$$\boldsymbol{J} = \begin{bmatrix} E_x \\ 0 \end{bmatrix} \tag{1.63}$$

经过旋光器后，出射光的两电场分量分别为

$$\begin{aligned} E'_x &= (\cos\theta)E_x \\ E'_y &= -(\sin\theta)E_x \end{aligned} \tag{1.64}$$

旋转的角度 α 满足

$$\tan\alpha = \frac{E_y'}{E_x'} = \frac{-\sin\theta}{\cos\theta} = \tan(-\theta) \tag{1.65}$$

式(1.63)乘以式(1.61)得出

$$E_x' = (\cos 2\theta)E_x \tag{1.66}$$

$$E_y' = (\sin 2\theta)E_x \tag{1.67}$$

所以，有

$$\tan\alpha = \frac{E_y'}{E_x'} = \frac{\sin 2\theta}{\cos 2\theta} = \tan(2\theta) \tag{1.68}$$

对比式(1.68)与式(1.65)可以发现，旋转波片的旋转方向与旋光器的旋转方向是截然相反的。同时式(1.68)也清晰地表明，旋转波片旋转的角度是旋光器旋转角度的 2 倍。

通常情况下，可以忽略式(1.56)中的 i 因子或者设置式(1.61)中的 $\theta = 0$，来获取半波片的 Jones 矩阵

$$J\left(\frac{\lambda}{2}\right) = \begin{bmatrix} 1 & 0 \\ 0 & -1 \end{bmatrix} \tag{1.69}$$

3) 旋光器的 Jones 矩阵

入射光进入旋光器，被旋转 β 之后，出射光与入射光电场分量间的关系表示为

$$\begin{aligned} E_x' &= \cos\beta E_x + \sin\beta E_y \\ E_x' &= -\sin\beta E_x + \cos\beta E_y \end{aligned} \tag{1.70}$$

将式(1.70)写成矩阵形式为

$$J' = \begin{bmatrix} E_x' \\ E_y' \end{bmatrix} = \begin{bmatrix} \cos\beta & \sin\beta \\ -\sin\beta & \cos\beta \end{bmatrix} \begin{bmatrix} E_x \\ E_y \end{bmatrix} \tag{1.71}$$

所以旋光器的 Jones 矩阵

$$J_{\text{ROT}} = \begin{bmatrix} \cos\beta & \sin\beta \\ -\sin\beta & \cos\beta \end{bmatrix} \tag{1.72}$$

根据式(1.44)和式(1.72)可知，旋转 θ 后旋光器的 Jones 矩阵为

$$J_{\text{ROT}} = \begin{bmatrix} \cos\theta & -\sin\theta \\ \sin\theta & \cos\theta \end{bmatrix} \begin{bmatrix} \cos\beta & \sin\beta \\ -\sin\beta & \cos\beta \end{bmatrix} \begin{bmatrix} \cos\theta & \sin\theta \\ -\sin\theta & \cos\theta \end{bmatrix} \tag{1.73}$$

计算可得

$$\boldsymbol{J}_{\mathrm{ROT}}(\theta) = \begin{bmatrix} \cos\beta & \sin\beta \\ -\sin\beta & \cos\beta \end{bmatrix} = \boldsymbol{J}_{\mathrm{ROT}} \tag{1.74}$$

式(1.74)表明：对旋光器进行机械旋转并不能改变光线的偏振态。

Jones 矩阵表征了器件或介质对偏振光的变换特性。若偏振光 $\begin{bmatrix} E_x \\ E_y \end{bmatrix}$ 依次经过 n 个偏振器件，当偏振光从第 n 个器件出射之后，偏振光的 Jones 矢量变为

$$\begin{bmatrix} E_x' \\ E_y' \end{bmatrix} = J_n J_{n-1} \cdots J_2 J_1 \begin{bmatrix} E_x \\ E_y \end{bmatrix} \tag{1.75}$$

1.2.3　斯托克斯矢量法与缪勒矩阵

三角函数法用单个方程描述光的各种偏振态的方式非常有用。但是，一方面，随着光束在空间中传播，在垂直于传播方向的平面内，光矢量在 10^{-15} s(量级)的时间内描绘出椭圆或某种特殊形式的椭圆(圆或直线)。人眼无法在如此短的时间内追踪椭圆的轨迹。因此，我们无法观察到偏振椭圆。另一方面，偏振椭圆仅适用于描述完全偏振光，无法描述非偏振光或部分偏振光，而自然光通常是部分偏振光或非偏振光。因此，偏振椭圆是光的真实行为的理想化，仅存在于给定时间点的瞬间。1852 年，英国数学家和物理学家斯托克斯(Stokes)提出一种用四个强度参量来描述光的偏振态的表示法，不仅能够描述完全偏振光，还能描述部分偏振光与非偏振光的物理行为，且这四个参数可以直接测量获得，后来称为 Stokes 参数(Stokes parameters)。而缪勒(Mueller)矩阵就是表示出射 Stokes 参数与入射 Stokes 参数变换关系的矩阵。

1. Stokes 矢量法

Stokes 矢量法是目前最常用的偏振光表示方法。1852 年，Stokes 提出用四个可以直接测量的强度参量来描述光的偏振态，这四个参量组成一个四维的数学矢量

$$\boldsymbol{S} = \begin{bmatrix} S_0 \\ S_1 \\ S_2 \\ S_3 \end{bmatrix} \quad \text{或} \quad \boldsymbol{S} = \begin{bmatrix} I \\ Q \\ U \\ V \end{bmatrix} \tag{1.76}$$

$\boldsymbol{S}$ 称为 Stokes 矢量。

根据偏振椭球表达式(1.4)，并进行时间积分可得四个 Stokes 参量的表达式

$$S_0 = E_{0x}^2 + E_{0y}^2 \tag{1.77}$$

$$S_1 = E_{0x}^2 - E_{0y}^2 \tag{1.78}$$

$$S_2 = 2E_{0x}E_{0y}\cos\delta \tag{1.79}$$

$$S_3 = 2E_{0x}E_{0y}\sin\delta \tag{1.80}$$

其中，S_0 为光波的总光强，S_1 为水平线偏振光或垂直线偏振光的强度，S_2 为 45° 线偏振光或 135° 线偏振光的强度，S_4 为右旋圆偏振光或左旋圆偏振光的强度。

当 Stokes 矢量描述完全偏振光时

$$S_0^2 = S_1^2 + S_2^2 + S_3^2 \tag{1.81}$$

当 Stokes 矢量描述部分偏振光时

$$S_0^2 > S_1^2 + S_2^2 + S_3^2 \tag{1.82}$$

定义任意偏振光的偏振度

$$P = \frac{I_{\text{pol}}}{I_{\text{tot}}} = \frac{(S_1^2 + S_2^2 + S_3^2)^{1/2}}{S_0} \tag{1.83}$$

其中，I_{tot} 为光波的总强度，I_{pol} 为光波中偏振部分的强度和。

利用 Stokes 参量，可以描述偏振椭圆方向角 ψ，其满足

$$\tan 2\psi = \frac{S_2}{S_1} \tag{1.84}$$

偏振椭圆率角满足

$$\sin 2\chi = \frac{S_3}{S_0} \tag{1.85}$$

由于 Stokes 参量表示光强，两束相互独立的光波叠加后的偏振态可表示为两束光原有偏振态的叠加

$$\begin{bmatrix} S_0 \\ S_1 \\ S_2 \\ S_3 \end{bmatrix} = \begin{bmatrix} S_0^1 \\ S_1^1 \\ S_2^1 \\ S_3^1 \end{bmatrix} + \begin{bmatrix} S_0^2 \\ S_1^2 \\ S_2^2 \\ S_3^2 \end{bmatrix} \tag{1.86}$$

式(1.83)表明，部分偏振光可表示为完全偏振光和完全非偏振光的叠加

$$S = (1-P)\begin{bmatrix} S_0 \\ 0 \\ 0 \\ 0 \end{bmatrix} + P\begin{bmatrix} S_0 \\ S_1 \\ S_2 \\ S_3 \end{bmatrix} \tag{1.87}$$

通常情况下，为了便于描述，可将 Stokes 矢量进行归一化。典型偏振光的 Stokes 矢量如表 1-2 所示。

表 1-2　典型偏振光的 Stokes 矢量

偏振态	Stokes 矢量	偏振态	Stokes 矢量
水平线偏振光	$[1\ 1\ 0\ 0]^T$	垂直线偏振光	$[1\ -1\ 0\ 0]^T$
45°线偏振光	$[1\ 0\ 1\ 0]^T$	-45°线偏振光	$[1\ 0\ -1\ 0]^T$
右旋圆偏振光	$[1\ 0\ 0\ 1]^T$	左旋圆偏振光	$[1\ 0\ 0\ -1]^T$
自然光	$[1\ 0\ 0\ 0]^T$	θ 方向线偏振光	$[1\ \cos 2\theta\ \sin 2\theta\ 0]^T$

2. Mueller 矩阵

Mueller 矩阵是以麻省理工学院(MIT)的物理学教授 Hans Mueller 的名字命名的。Mueller 在 1943 年的 MIT 课程笔记和之前的政府报告中发明了 Mueller-Stokes 形式[8]，其学生 Parke 在 1949 年的一篇论文中称之为 Mueller 矩阵。

当一束光与偏振器件相互作用时，偏振器件能够改变其偏振态，如图 1-12 所示。入射光偏振态用 Stokes 矢量 S 表示，出射光偏振态用 Stokes 矢量 S' 表示。若出射光 Stokes 矢量中的每个元素能用入射光 Stokes 矢量中四个元素线性表示，则

$$\begin{aligned}
S_0' &= m_{00}S_0 + m_{01}S_1 + m_{02}S_2 + m_{03}S_3 \\
S_1' &= m_{10}S_0 + m_{11}S_1 + m_{12}S_2 + m_{13}S_3 \\
S_2' &= m_{20}S_0 + m_{21}S_1 + m_{22}S_2 + m_{23}S_3 \\
S_3' &= m_{30}S_0 + m_{31}S_1 + m_{32}S_2 + m_{33}S_3
\end{aligned} \tag{1.88}$$

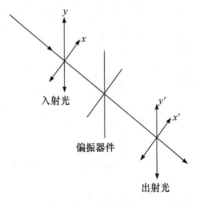

图 1-12　偏振光与偏振器件的相互作用

表示成矩阵形式如下：

$$\begin{bmatrix} S'_0 \\ S'_1 \\ S'_2 \\ S'_3 \end{bmatrix} = \begin{bmatrix} m_{00} & m_{01} & m_{02} & m_{03} \\ m_{10} & m_{11} & m_{12} & m_{13} \\ m_{20} & m_{21} & m_{22} & m_{23} \\ m_{30} & m_{31} & m_{32} & m_{33} \end{bmatrix} \begin{bmatrix} S_0 \\ S_1 \\ S_2 \\ S_3 \end{bmatrix} \tag{1.89}$$

式(1.89)可简写为

$$\boldsymbol{S'} = \boldsymbol{MS} \tag{1.90}$$

$\boldsymbol{M}$ 是 4×4 矩阵，是由 Mueller 在 20 世纪 40 年代发现的，因此称作 Mueller 矩阵，用于表示偏振器件或者介质对光偏振态的影响。

3. 常用光学器件的 Mueller 矩阵

1) 偏振片的 Mueller 矩阵

偏振片是不均匀地衰减光束的两正交电场分量的光学器件。也就是说，偏振片是各向异性衰减器。两个正交的传播轴分别被命名为 p_x 和 p_y。通常情况下，偏振片根据它在光学系统中的用途和位置，被命名为起偏器和检偏器。如果一个偏振片是用来产生偏振光的，则称其为起偏器；如果它是用来分析偏振光的，则称其为检偏器。如果光束的两偏振分量被偏振片均等地衰减，则将该偏振片称为中性滤光片。

在图 1-13 中，一束偏振光经过偏振片，出射后成为一束新的偏振光。入射偏振光的两分量分别用 E_x 和 E_y 表示。出射光的两正交分量分别用 E'_x 和 E'_y 表示，它们的方向平行于原始轴向。入射光和出射光电场间的关系为

$$\begin{aligned} E'_x &= p_x E_x, \quad 0 \leqslant p_x \leqslant 1 \\ E'_y &= p_y E_y, \quad 0 \leqslant p_y \leqslant 1 \end{aligned} \tag{1.91}$$

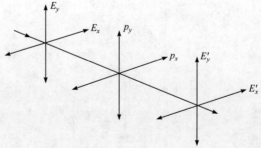

图 1-13 衰减系数为 p_x 和 p_y 的偏振片对偏振光的影响

因子 p_x 和 p_y 是沿着正交传输轴的振幅衰减系数。对于沿着正交传输轴没有衰减或

者理想传播时，$p_x = 1$ 或 $p_y = 1$，而对于完全衰减时 $p_x = 0$ 或 $p_y = 0$。如果沿着一个轴的 p 是 0，那么沿着这个轴便不存在传播现象，偏振片就只有单一的传播轴。

入射光和出射光的 Stokes 偏振矢量分别为

$$
\begin{aligned}
S_0 &= E_x E_x^* + E_y E_y^* \\
S_1 &= E_x E_x^* - E_y E_y^* \\
S_2 &= E_x E_y^* + E_y E_x^* \\
S_3 &= \mathrm{i}\left(E_x E_y^* - E_y E_x^*\right)
\end{aligned}
\tag{1.92}
$$

和

$$
\begin{aligned}
S_0' &= E_x' E_x'^* + E_y' E_y'^* \\
S_1' &= E_x' E_x'^* - E_y' E_y'^* \\
S_2' &= E_x' E_y'^* + E_y' E_x'^* \\
S_3' &= \mathrm{i}\left(E_x' E_y'^* - E_y' E_x'^*\right)
\end{aligned}
\tag{1.93}
$$

将式(1.91)代入式(1.93)中并利用式(1.92)，可得

$$
\begin{bmatrix} S_0' \\ S_1' \\ S_2' \\ S_3' \end{bmatrix}
= \frac{1}{2}
\begin{bmatrix}
p_x^2 + p_y^2 & p_x^2 - p_y^2 & 0 & 0 \\
p_x^2 - p_y^2 & p_x^2 + p_y^2 & 0 & 0 \\
0 & 0 & 2p_x p_y & 0 \\
0 & 0 & 0 & 2p_x p_y
\end{bmatrix}
\begin{bmatrix} S_0 \\ S_1 \\ S_2 \\ S_3 \end{bmatrix}
\tag{1.94}
$$

将式(1.94)中的 4×4 矩阵记作

$$
\boldsymbol{M} = \frac{1}{2}
\begin{bmatrix}
p_x^2 + p_y^2 & p_x^2 - p_y^2 & 0 & 0 \\
p_x^2 - p_y^2 & p_x^2 + p_y^2 & 0 & 0 \\
0 & 0 & 2p_x p_y & 0 \\
0 & 0 & 0 & 2p_x p_y
\end{bmatrix},
\quad 0 \leqslant p_x \leqslant 1, \quad 0 \leqslant p_y \leqslant 1
\tag{1.95}
$$

式(1.95)是振幅衰减系数分别为 p_x 和 p_y 偏振片的 Mueller 矩阵。一般来说，右下角元素的存在表明经过该偏振片后的出射光束为椭圆偏振光。

若偏振片对光束两正交分量的衰减能力相同，存在 $p_x = p_y = p$，式(1.95)演变为

$$\boldsymbol{M} = p^2 \begin{bmatrix} 1 & 0 & 0 & 0 \\ 0 & 1 & 0 & 0 \\ 0 & 0 & 1 & 0 \\ 0 & 0 & 0 & 1 \end{bmatrix} \tag{1.96}$$

此时 Mueller 矩阵是一个单位对角矩阵。式(1.96)表明入射光通过该偏振片后的偏振状态并不会改变，但是入射光束的强度被衰减，强度衰减因子为 p^2。该偏振片只影响入射光的强度，而不改变入射光偏振态，将该偏振片称为中性滤波片。根据式(1.96)可知，出射光的强度 I' 为

$$I' = p^2 I \tag{1.97}$$

其中，I 为入射光的强度。

式(1.95)表示沿 p_x 和 p_y 轴向不均等衰减偏振片的 Mueller 矩阵。对于理想线偏振片，光线只沿着一个轴传播，沿着其正交的轴没有传播。为了对理想线偏振片进行描述，设定 $p_y = 0$，此时式(1.95)演化为

$$\boldsymbol{M} = \frac{p_x^2}{2} \begin{bmatrix} 1 & 1 & 0 & 0 \\ 1 & 1 & 0 & 0 \\ 0 & 0 & 0 & 0 \\ 0 & 0 & 0 & 0 \end{bmatrix} \tag{1.98}$$

式(1.98)表示光线只沿 x 轴传播的理想线偏振片的 Mueller 矩阵。通常称该偏振片为水平线偏振片。当传播因子 $p_x = 1$ 时，该偏振片为一个理想偏振片。因此，沿 x 轴传播的理想线偏振片的 Mueller 矩阵为

$$\boldsymbol{M} = \frac{1}{2} \begin{bmatrix} 1 & 1 & 0 & 0 \\ 1 & 1 & 0 & 0 \\ 0 & 0 & 0 & 0 \\ 0 & 0 & 0 & 0 \end{bmatrix} \tag{1.99}$$

将该偏振片称为理想水平线偏振片。如果入射光是完全非偏振光，则通过一个理想偏振片后，出射光的最大强度是原来强度的一半。通常用该方法来获取理想偏振光。如果入射光束是理想的水平偏振光，则出射光的强度将不发生变化。

如果一个理想偏振片的传播轴和水平线偏振片的轴是相反的，即 $p_x = 0$ 且 $p_y = 1$，则式(1.95)可以简化为

$$\boldsymbol{M} = \frac{1}{2} \begin{bmatrix} 1 & -1 & 0 & 0 \\ -1 & 1 & 0 & 0 \\ 0 & 0 & 0 & 0 \\ 0 & 0 & 0 & 0 \end{bmatrix} \tag{1.100}$$

该 Mueller 矩阵表示的偏振片为垂直线偏振片。

对于一般的线偏振片，还可将其 Mueller 矩阵表示成三角函数的形式。

假定

$$p_x^2 + p_y^2 = p^2 \tag{1.101}$$

且

$$p_x = p\cos\gamma, \quad p_y = p\sin\gamma \tag{1.102}$$

将式(1.101)和式(1.102)代入式(1.95)中，可得

$$\boldsymbol{M} = \frac{p^2}{2}\begin{bmatrix} 1 & \cos2\gamma & 0 & 0 \\ \cos2\gamma & 1 & 0 & 0 \\ 0 & 0 & \sin2\gamma & 0 \\ 0 & 0 & 0 & \sin2\gamma \end{bmatrix} \tag{1.103}$$

其中，$0 \leqslant \gamma \leqslant 90°$。

我们于理想线偏振片 $p=1$。对于水平线偏振片，$\gamma=0$；对于垂直线偏振片，$\gamma=90°$。

对将式(1.99)和式(1.100)所描述的偏振片称为线性偏振片，对其进行分析。一束具有任意强度和偏振态入射光的 Stokes 矢量为

$$S = \begin{bmatrix} S_0 \\ S_1 \\ S_2 \\ S_3 \end{bmatrix} \tag{1.104}$$

用式(1.99)或式(1.100)与式(1.104)进行矩阵相乘，从而有

$$\begin{bmatrix} S_0' \\ S_1' \\ S_2' \\ S_3' \end{bmatrix} = \frac{1}{2}\begin{bmatrix} 1 & \pm1 & 0 & 0 \\ \pm1 & 1 & 0 & 0 \\ 0 & 0 & 0 & 0 \\ 0 & 0 & 0 & 0 \end{bmatrix}\begin{bmatrix} S_0 \\ S_1 \\ S_2 \\ S_3 \end{bmatrix} \tag{1.105}$$

发现

$$\begin{bmatrix} S_0' \\ S_1' \\ S_2' \\ S_3' \end{bmatrix} = \frac{1}{2}(S_0 \pm S_1)\begin{bmatrix} 1 \\ \pm1 \\ 0 \\ 0 \end{bmatrix} \tag{1.106}$$

观察式(1.106)可知，出射光的偏振态总是线性水平偏振(+)或线性垂直偏振

(–)。所以，无论入射光束的偏振态如何，一个理想的线性起偏器总是可以产生一个线偏振光；然而，考虑到式(1.95)中的因子 $2\,p_x p_y$ 不可能是 0，事实上目前没有理想的线偏振光起偏器，所有的起偏器都会产生椭圆偏振光。尽管椭圆率可能很小甚至是微不足道的，但其总是一直存在。

根据上述线偏振片的特性，可总结出一种验证某一偏振器件是否为线偏振片的方法。线偏振片的测试如图 1-14 所示。在测试中，假定有一线偏振片，并设置它的取向沿水平(H)方向；取另一个偏振片，设置它的取向沿垂直(V)方向，入射光的 Stokes 矢量为 S，则从第一个偏振片中出射的光束的 Stokes 矢量为

$$S' = M_{\mathrm{H}}S \tag{1.107}$$

接着 S' 光束传输到第二片偏振片(轴向沿垂直方向)，将 M_{V} 代入式(1.107)，可得到最终出射光束的 Stokes 矢量 S'' 为

$$S'' = M_{\mathrm{V}}S' = M_{\mathrm{V}}M_{\mathrm{H}}S = MS \tag{1.108}$$

式(1.108)表明，M 是垂直线偏振片和水平线偏振片 Mueller 矩阵的合成矩阵，表示为

$$M = M_{\mathrm{V}}M_{\mathrm{H}} \tag{1.109}$$

其中，M_{H} 和 M_{V} 分别由式(1.99)和式(1.100)确定。

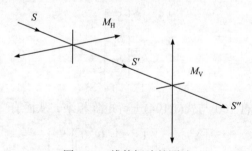

图 1-14　线偏振片的测试

式(1.108)和式(1.109)表明，只需将入射光束通过每一器件的 Mueller 矩阵相乘，就可得到出射光和入射光 Stokes 向量之间的关系，也就是最终的 Mueller 矩阵。通常情况下，每个矩阵之间的次序不能交换。

现将式(1.99)和式(1.100)相乘，并展开计算可得

$$M = \frac{1}{4}\begin{bmatrix} 1 & -1 & 0 & 0 \\ -1 & 1 & 0 & 0 \\ 0 & 0 & 0 & 0 \\ 0 & 0 & 0 & 0 \end{bmatrix}\begin{bmatrix} 1 & 1 & 0 & 0 \\ 1 & 1 & 0 & 0 \\ 0 & 0 & 0 & 0 \\ 0 & 0 & 0 & 0 \end{bmatrix} = \begin{bmatrix} 0 & 0 & 0 & 0 \\ 0 & 0 & 0 & 0 \\ 0 & 0 & 0 & 0 \\ 0 & 0 & 0 & 0 \end{bmatrix} \tag{1.110}$$

　　因此，无论入射光束的偏振状态如何，出射光束的强度均为零。零矩阵(或强度)只在两线性偏振片相互正交时出现。而且，只要两线偏振片正交即可产生零矩阵，无须考虑它们的透光轴的取向。

　　2) 波片的 Mueller 矩阵

　　波片是一个可以改变光束相位的偏振器件。严格地讲，它的名字是相移器。然而，由于历史习惯，它还有一些非正统的名字，如延迟器、波片和补偿器。波片可以使入射光的两正交分量之间产生一个 ϕ 的相位变化。这个可以看做波片会使 x 轴方向的分量产生 $+\dfrac{\phi}{2}$ 的相位移动，y 轴方向的分量产生 $-\dfrac{\phi}{2}$ 的相位移动。该两轴分别为波片的快轴和慢轴。图 1-15 展示了波片的入射光和出射光。出射光的各分量与入射光的关系由下式给出，即

$$E'_x(z,t) = \mathrm{e}^{\frac{+\mathrm{i}\phi}{2}} E_x(z,t)$$
$$E'_y(z,t) = \mathrm{e}^{\frac{-\mathrm{i}\phi}{2}} E_y(z,t) \tag{1.111}$$

　　考虑式(1.92)和式(1.93)所描述的 Stokes 参量的定义，并将式(1.111)代入式(1.92)和式(1.93)，可得

$$\begin{aligned} S'_0 &= S_0 \\ S'_1 &= S_1 \\ S'_2 &= S_2 \cos\phi + S_3 \sin\phi \\ S'_3 &= -S_2 \sin\phi + S_3 \cos\phi \end{aligned} \tag{1.112}$$

　　将式(1.112)表示成矩阵形式，即

$$\begin{bmatrix} S'_0 \\ S'_1 \\ S'_2 \\ S'_3 \end{bmatrix} = \begin{bmatrix} 1 & 0 & 0 & 0 \\ 0 & 1 & 0 & 0 \\ 0 & 0 & \cos\phi & \sin\phi \\ 0 & 0 & -\sin\phi & \cos\phi \end{bmatrix} \begin{bmatrix} S_0 \\ S_1 \\ S_2 \\ S_3 \end{bmatrix} \tag{1.113}$$

　　注意到对于理想波片，光束无强度的损失，即 $S'_0 = S_0$。

　　从式(1.113)可得，能使相位延迟量为 ϕ 的波片的 Mueller 矩阵为

$$\boldsymbol{M} = \begin{bmatrix} 1 & 0 & 0 & 0 \\ 0 & 1 & 0 & 0 \\ 0 & 0 & \cos\phi & \sin\phi \\ 0 & 0 & -\sin\phi & \cos\phi \end{bmatrix} \tag{1.114}$$

　　对于 1/4 波片，$\phi = 90°$，式(1.114)变成

$$M = \begin{bmatrix} 1 & 0 & 0 & 0 \\ 0 & 1 & 0 & 0 \\ 0 & 0 & 0 & 1 \\ 0 & 0 & -1 & 0 \end{bmatrix} \tag{1.115}$$

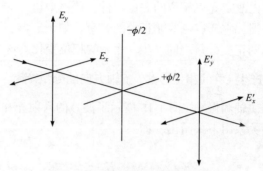

图 1-15　偏振光通过波片的传播

1/4 波片可以将相对于波片的快轴具有 +45° 或 –45° 轴向的线偏振光分别转变为右旋或左旋圆偏振光。为了描述 1/4 波片的这一特性，下面以入射光强为 I_0 线 ±45° 偏振光为例进行分析。线 ±45° 偏振光的 Stokes 矢量

$$S = I_0 \begin{bmatrix} 1 \\ 0 \\ \pm 1 \\ 0 \end{bmatrix} \tag{1.116}$$

用式(1.116)乘以式(1.115)可得

$$S' = I_0 \begin{bmatrix} 1 \\ 0 \\ 0 \\ \mp 1 \end{bmatrix} \tag{1.117}$$

上式对应于左旋(右旋)偏振光的 Stokes 矢量。将线性偏振光转变为圆偏振光是 1/4 波片的重要应用之一。然而值得注意的是，并不是所有的线偏振光经过 1/4 波片之后均能变成圆偏振光，该操作只针对线偏振光的指向 ±45° 时的情形有效。

当入射光是右旋(左旋)圆偏振光时，式(1.117)乘以式(1.115)可得

$$S' = I_0 \begin{bmatrix} 1 \\ 0 \\ \mp 1 \\ 0 \end{bmatrix} \tag{1.118}$$

上式对应于 −45° 和 +45° 线偏振光的 Stokes 矢量。上述推导表明 1/4 波片不仅可以将线偏振光变成圆偏振光，也可以将圆偏振光变成线偏振光。

对于半波片，$\phi = 180°$，式(1.114)简化为

$$M = \begin{bmatrix} 1 & 0 & 0 & 0 \\ 0 & 1 & 0 & 0 \\ 0 & 0 & -1 & 0 \\ 0 & 0 & 0 & -1 \end{bmatrix} \tag{1.119}$$

上式表明半波片的 Mueller 矩阵是对角矩阵。右下角两个对角元素为 −1 表明其反转了入射光偏振状态的椭圆率和指向。为了该问题进行说明，设入射光的 Stokes 矢量为

$$S = \begin{bmatrix} S_0 \\ S_1 \\ S_2 \\ S_3 \end{bmatrix}$$

入射光方向角 ψ 和椭圆率角 χ 可由 Stokes 参量给出

$$\tan 2\psi = \frac{S_2}{S_1} \tag{1.120}$$

$$\sin 2\chi = \frac{S_3}{S_0} \tag{1.121}$$

用式(1.119)乘以式(1.104)得到

$$S' = \begin{bmatrix} S_0' \\ S_1' \\ S_2' \\ S_3' \end{bmatrix} = \begin{bmatrix} S_0 \\ S_1 \\ -S_2 \\ -S_3 \end{bmatrix} \tag{1.122}$$

其中

$$\tan 2\psi' = \frac{S_2'}{S_1'} \tag{1.123}$$

$$\sin 2\chi' = \frac{S_3'}{S_0'} \tag{1.124}$$

将式(1.122)代入式(1.123)和式(1.124)，可得

$$\tan 2\psi' = -\frac{S_2}{S_1} = -\tan 2\psi \tag{1.125}$$

$$\sin 2\chi' = -\frac{S_3}{S_0} = -\sin 2\chi \tag{1.126}$$

所以

$$\psi' = 90° - \psi \tag{1.127}$$

$$\chi' = 90° + \chi \tag{1.128}$$

3) 旋光片的 Mueller 矩阵

若一个偏振器件能使光束的两正交分量 $E_x(z,t)$ 和 $E_y(z,t)$ 旋转 θ 角，则该偏振器件会改变光线的偏振态，称该光学器件为旋光片。根据图 1-16 所示的旋转片对入射光线两正交电场分量的旋转示意图可推导出旋转片的 Mueller 矩阵。图中，旋光片使两电场分量 E_x 和 E_y 分别旋转为 E_x' 和 E_y'，旋转前后电场分量的夹角为 θ。β 是 E 和 E_x 的夹角。可知图中的 P 点在 E_x' 和 E_y' 坐标系的分量为

$$\begin{aligned} E_x' &= E\cos(\beta - \theta) \\ E_y' &= E\sin(\beta - \theta) \end{aligned} \tag{1.129}$$

P 点在 E_x 和 E_y 坐标系中的分量分别为

$$\begin{aligned} E_x &= E\cos\beta \\ E_y &= E\sin\beta \end{aligned} \tag{1.130}$$

根据三角函数将式(1.129)展开可得

$$\begin{aligned} E_x' &= E(\cos\beta\cos\theta + \sin\beta\sin\theta) \\ E_y' &= E(\sin\beta\cos\theta - \sin\theta\cos\beta) \end{aligned} \tag{1.131}$$

将式(1.130)代入式(1.131)有

$$\begin{aligned} E_x' &= E_x\cos\theta + E_y\sin\theta \\ E_y' &= -E_x\sin\theta + E_y\cos\theta \end{aligned} \tag{1.132}$$

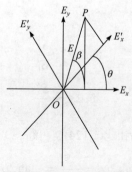

图 1-16　由旋转器旋转的光场分量示意图

式(1.132)是光线经旋光片旋转后的振幅方程。利用该方程和 Stokes 矢量表达式，可得到旋光片的 Mueller 矩阵

$$\boldsymbol{M}(2\theta)=\begin{bmatrix} 1 & 0 & 0 & 0 \\ 0 & \cos 2\theta & \sin 2\theta & 0 \\ 0 & -\sin 2\theta & \cos 2\theta & 0 \\ 0 & 0 & 0 & 1 \end{bmatrix} \tag{1.133}$$

值得注意的是，旋光片使电场旋转了大小为 θ 的角度，但在式(1.133)中出现的角度值是 2θ 而不是 θ。这是因为，所有的变量是在强度域发生的变化，而在振幅域中，旋转的角度依然是 θ。

4) 旋转偏振器件的 Mueller 矩阵

参考图 1-17 所示的器件组合，可推导出旋转偏振器件的 Mueller 矩阵。偏振器件的轴向经过角度大小为 θ 的旋转，变为 x' 和 y' 轴。因此，必须考虑入射光沿 x' 和 y' 轴向的分量。设入射光束的 Stokes 矢量为 $\boldsymbol{S}$，可以得到

$$\boldsymbol{S}' = \boldsymbol{M}_R(2\theta)\boldsymbol{S} \tag{1.134}$$

其中，$\boldsymbol{M}_R(2\theta)$ 是式(1.133)所示的旋转器的 Mueller 旋转矩阵，$\boldsymbol{S}'$ 是轴向为 x' 和 y' 轴方向光束的 Stokes 矢量。

Stokes 矢量为 $\boldsymbol{S}'$ 的光与 Mueller 矩阵为 $\boldsymbol{M}$ 偏振器件相互作用。从旋转偏振器件中出射的偏振光束的 Stokes 矢量 $\boldsymbol{S}''$ 为

$$\boldsymbol{S}'' = \boldsymbol{MS}' = \boldsymbol{MM}_R(2\theta)\boldsymbol{S} \tag{1.135}$$

最后，必须考虑出射光沿原来的 x 轴向和 y 轴向，如图 1-17 所示。这可以通过变换 $-\theta$ 使 $\boldsymbol{S}''$ 逆时针方向旋转，回到 x 轴向和 y 轴向

$$\boldsymbol{S}''' = \boldsymbol{M}_R(-2\theta)\boldsymbol{S}'' = [\boldsymbol{M}_R(-2\theta)\boldsymbol{MM}_R(2\theta)]\boldsymbol{S} \tag{1.136}$$

其中，$\boldsymbol{M}_R(-2\theta)$ 是旋转器的 Mueller 矩阵，$\boldsymbol{S}'''$ 是最终出射光束的 Stokes 矢量。

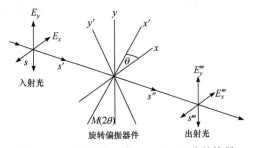

图 1-17　旋转偏光元件 Mueller 矩阵的推导

式(1.136)可以改写为

$$S''' = M(2\theta)S \tag{1.137}$$

其中

$$M(2\theta) = M_R(-2\theta)MM_R(2\theta) \tag{1.138}$$

式(1.138)表示旋转偏振器件的 Mueller 矩阵。

将偏振片的 Mueller 矩阵表示成三角函数形式

$$M = \frac{p^2}{2}\begin{bmatrix} 1 & \cos 2\gamma & 0 & 0 \\ \cos 2\gamma & 1 & 0 & 0 \\ 0 & 0 & \sin 2\gamma & 0 \\ 0 & 0 & 0 & \sin 2\gamma \end{bmatrix} \tag{1.139}$$

据式(1.138)所示的矩阵间的关系，利用式(1.133)，并设置 p^2 为 1，可以得到旋转偏振片的 Mueller 矩阵为

$$M = \frac{1}{2}\begin{bmatrix} 1 & \cos 2\gamma \cos 2\theta & \cos 2\gamma \sin 2\theta & 0 \\ \cos 2\gamma & \cos^2 2\theta + \sin 2\gamma \sin^2 2\theta & (1-\sin 2\gamma)\sin 2\theta \cos 2\theta & 0 \\ \cos 2\gamma \sin 2\theta & (1-\sin 2\gamma)\sin 2\theta \cos 2\theta & \sin^2 2\theta + \sin 2\gamma \cos^2 2\theta & 0 \\ 0 & 0 & 0 & \sin 2\gamma \end{bmatrix} \tag{1.140}$$

式(1.140)中 $\gamma = 0°$ 是最常见的情形，对应于理想水平线偏振片的 Mueller 矩阵。在该条件下，式(1.140)简化为

$$M_P(2\theta) = \begin{bmatrix} 1 & \cos 2\theta & \sin 2\theta & 0 \\ \cos 2\theta & \cos^2 2\theta & \sin 2\theta \cos 2\theta & 0 \\ \sin 2\theta & \sin 2\theta \cos 2\theta & \sin^2 2\theta & 0 \\ 0 & 0 & 0 & 1 \end{bmatrix} \tag{1.141}$$

若设定 γ 为 45°、90°，则式(1.140)分别对应于中性强度滤波片和垂直线偏振片。

在式(1.141)中，用 $M_P(2\theta)$ 表示理想旋转线偏振片的 Mueller 矩阵。式(1.141)的正确性可用 $\theta = 0°$ 的情形进行验证。该条件下，水平线偏振片的 Mueller 矩阵为

$$M_P(0°) = \frac{1}{2}\begin{bmatrix} 1 & 1 & 0 & 0 \\ 1 & 1 & 0 & 0 \\ 0 & 0 & 0 & 0 \\ 0 & 0 & 0 & 0 \end{bmatrix} \tag{1.142}$$

容易看出，当 $\theta = 45°$ 和 90°时，式(1.141)转化为理想的线+45°和垂直线偏振

片的 Mueller 矩阵。

接下来将讨论波片的 Mueller 矩阵。相位改变量为 ϕ 的波片对应的 Mueller 矩阵为

$$M_c = \begin{bmatrix} 1 & 0 & 0 & 0 \\ 0 & 1 & 0 & 0 \\ 0 & 0 & \cos\phi & \sin\phi \\ 0 & 0 & -\sin\phi & \cos\phi \end{bmatrix} \tag{1.143}$$

根据式(1.138)可知 Mueller 矩阵如式(1.143)所表示的波片经过旋转之后的 Mueller 矩阵为

$$M_c(\phi, 2\theta) = \begin{bmatrix} 1 & 0 & 0 & 0 \\ 0 & \cos^2 2\theta + \cos\phi \sin^2 2\theta & (1-\cos\phi)\sin 2\theta \cos 2\theta & -\sin\phi \sin 2\theta \\ 0 & (1-\cos\phi)\sin 2\theta \cos 2\theta & \sin^2 2\theta + \cos\phi \cos^2 2\theta & \sin\phi \cos 2\theta \\ 0 & \sin\phi \sin 2\theta & -\sin\phi \cos 2\theta & \cos\phi \end{bmatrix} \tag{1.144}$$

当 $\theta = 0°$ 时，式(1.144)如预期一样简化为式(1.143)。当相移量 $\phi = 180°$ 时，式(1.144)简化为

$$M_c(180°, 4\theta) = \begin{bmatrix} 1 & 0 & 0 & 0 \\ 0 & \cos 4\theta & \sin 4\theta & 0 \\ 0 & \sin 4\theta & -\cos 4\theta & 0 \\ 0 & 0 & 0 & -1 \end{bmatrix} \tag{1.145}$$

上式对应于半波片的 Mueller 矩阵，与旋转器的 Mueller 矩阵 $M_R(2\theta)$ 的形式十分相似。

半波片作为一个旋转器是非常有用的。半波延迟器，也可用于"反转"偏振态。为了描述该现象，假设一束左旋或右旋圆偏振入射光对应的 Stokes 矢量为

$$S = I_0 \begin{bmatrix} 1 \\ 0 \\ 0 \\ \pm 1 \end{bmatrix} \tag{1.146}$$

式(1.146)乘以式(1.145)并设置 $\theta = 0$ 可得

$$S' = I_0 \begin{bmatrix} 1 \\ 0 \\ 0 \\ \mp 1 \end{bmatrix} \tag{1.147}$$

可知，出射光仍为圆偏振光，但是偏振态与入射光的偏振态相反，即右旋圆偏振光被转换为左旋圆偏振光，反之亦然。同样，如果入射光为+45°线偏振光，那么出射光为−45°线偏振光。体现在 m_{22} 和 m_{33} 的负号上的扭转椭圆率和方向的这种特性使半波片有广泛的用途。

其次，推导旋转 1/4 波片的 Mueller 矩阵。在式(1.145)中设置 $\phi = 90°$ 可得

$$M_c(90°, 2\theta) = \begin{bmatrix} 1 & 0 & 0 & 0 \\ 0 & \cos^2 2\theta & \sin 2\theta \cos 2\theta & -\sin 2\theta \\ 0 & \sin 2\theta \cos 2\theta & \sin^2 2\theta & \cos 2\theta \\ 0 & \sin 2\theta & -\cos 2\theta & 0 \end{bmatrix} \tag{1.148}$$

若入射光为水平线偏振光，对应的 Stokes 矢量为

$$S = \begin{bmatrix} 1 \\ 1 \\ 0 \\ 0 \end{bmatrix} \tag{1.149}$$

式(1.149)乘以式(1.148)，可知出射光的 Stokes 矢量 S' 为

$$S' = \begin{bmatrix} 1 \\ \cos^2 2\theta \\ \sin 2\theta \cos 2\theta \\ \sin 2\theta \end{bmatrix} \tag{1.150}$$

从式(1.150)可知出射光的方向角 ψ' 和椭圆率角 χ' 分别满足

$$\tan 2\psi' = \tan 2\theta \tag{1.151}$$

$$\tan 2\chi' = \sin 2\theta \tag{1.152}$$

因此，可以用旋转 1/4 波片将水平线偏振光变为任何取向和椭圆率的偏振光。但是，只能选择其中一个参数，并没有控制其他参数。另外值得注意的是，如果入射光为左旋或右旋圆偏振光，那么经过旋转 1/4 波片之后，输出光的 Stokes 矢量为

$$S' = \begin{bmatrix} 1 \\ \mp \sin 2\theta \\ \pm \cos 2\theta \\ 0 \end{bmatrix} \tag{1.153}$$

上式为线偏振光的 Stokes 矢量。尽管我们已经知道利用 1/4 波片可以得到线偏振

光，式(1.153)进一步表明，通过旋转偏振片还可以产生一个额外相位差，来控制线偏振光的取向。但不能同时改变偏振光的方向和椭圆率。

表 1-3 给出了几种常见光学器件的 Mueller 矩阵。

表 1-3　常见光学器件的 Mueller 矩阵

器件名称	Mueller 矩阵	器件名称	Mueller 矩阵
x 轴向线偏振片	$\dfrac{1}{2}\begin{bmatrix} 1 & 1 & 0 & 0 \\ 1 & 1 & 0 & 0 \\ 0 & 0 & 0 & 0 \\ 0 & 0 & 0 & 0 \end{bmatrix}$	$\lambda/2$ 波片	$\begin{bmatrix} 1 & 0 & 0 & 0 \\ 0 & 1 & 0 & 0 \\ 0 & 0 & -1 & 0 \\ 0 & 0 & 0 & -1 \end{bmatrix}$
y 轴向线偏振片	$\dfrac{1}{2}\begin{bmatrix} 1 & -1 & 0 & 0 \\ -1 & 1 & 0 & 0 \\ 0 & 0 & 0 & 0 \\ 0 & 0 & 0 & 0 \end{bmatrix}$	$\lambda/4$ 波片	$\begin{bmatrix} 1 & 0 & 0 & 0 \\ 0 & 1 & 0 & 0 \\ 0 & 0 & 0 & 1 \\ 0 & 0 & -1 & 0 \end{bmatrix}$

1.2.4　庞加莱球法

1. Poincaré 球法

庞加莱(Jules Henri Poincaré)是法国著名数学家，他在数学、天文学和物理学的许多领域都做出了贡献。在偏振光学中，他的名字与 Poincaré 球有关，这是一个可在其上表示任何偏振状态的三维表面。1892 年，他的著作 *Théorie Mathématique de la Lumière* 中采用立体投影法在复平面内表示偏振方程，再将平面投影到球体上，形成一个在笛卡儿空间坐标系中画出的以原点为球心的球，如图 1-18 所示，称为 Poincaré 球，其中 ψ 为方向角，χ 为椭偏率。

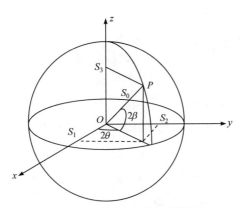

图 1-18　Poincaré 球法表示偏振光

显然，Poincaré 并不了解 Stokes 参量，因为他没有在直角坐标系中用 Stokes

参量表示球面，而后者是我们今天经常使用的一种表示方式。当在笛卡儿坐标系中相互正交的 x、y、z 轴上分别取值为 S_1、S_2、S_3 时，则表示偏振光状态的坐标 S_1、S_2、S_3 所确定的点位于强度 S_0 为半径的球面上。当只对光的偏振态感兴趣，不考虑光强时，可以用单位球面上的点表示光的偏振态。

为了弄清楚球面上每点的意义，根据椭圆的两个参量(长轴方位角 θ 和椭圆率角 β)得到 S_1、S_2 和 S_3 的表达式为

$$\begin{aligned} S_1 &= S_0 \cos 2\beta \cos 2\theta \\ S_2 &= S_0 \cos 2\beta \sin 2\theta \\ S_3 &= S_0 \sin 2\beta \end{aligned} \tag{1.154}$$

在笛卡儿坐标系中，球面上任意一点的直角坐标为 (S_1, S_2, S_3)；在球面坐标中，该点对应的坐标为 $(2\theta, 2\beta)$。球面上每点坐标对应特定的偏振态，即光的每一种偏振态在 Poincaré 球面上均有相应的位置。通过观察可知，右旋椭圆偏振光位于上半球面，左旋椭圆偏振光位于下半球面，右旋圆偏振光与左旋圆偏振光分别对应于球体的上下两个极点，线偏振光对应于球体的赤道线。Poincaré 球面上的光为完全偏振光，球体内的各点表示部分偏振光的偏振态，球心位置对应自然光。

Poincaré 球能够形象直观地表示不同偏振态的光，这是 Poincaré 球法最大的优势，但是其表示过程较为复杂，因而该方法的适用范围有限。

2. 典型偏振元件的 Poincaré 球法表示

1) 线偏振片

根据 Poincaré 球法，入射光的 Stokes 矢量可表示为

$$S = \begin{bmatrix} 1 \\ \cos 2\varepsilon \cos 2\theta \\ \cos 2\varepsilon \sin 2\theta \\ \sin 2\varepsilon \end{bmatrix} \tag{1.155}$$

其中，ε 为入射光的椭圆率角，θ 为入射光的方位角。

旋转角度 β 的理想线偏振片的 Mueller 矩阵可表示为

$$M_P = \frac{1}{2} \begin{bmatrix} 1 & \cos 2\beta & \sin 2\beta & 0 \\ \cos 2\beta & \cos^2 2\beta & \sin 2\beta \cos 2\beta & 0 \\ \sin 2\beta & \sin 2\beta \cos 2\beta & \sin^2 2\beta & 0 \\ 0 & 0 & 0 & 0 \end{bmatrix} \tag{1.156}$$

出射光的 Stokes 矢量可表示为

$$S' = \frac{1}{2}[1 + \cos 2\varepsilon \cos 2(\beta - \theta)] \begin{bmatrix} 1 \\ \cos 2\beta \\ \sin 2\beta \\ 0 \end{bmatrix} \tag{1.157}$$

用出射光的椭圆率角 ε' 和方位角 θ' 表示出射光的 Stokes 矢量，则式(1.157)可改写为

$$S' = \begin{bmatrix} 1 \\ \cos 2\varepsilon' \cos 2\theta' \\ \cos 2\varepsilon' \sin 2\theta' \\ \sin 2\varepsilon' \end{bmatrix} \tag{1.158}$$

式(1.157)表明入射偏振光经过理想线偏振片后的出射光的偏振态与入射光的偏振态无关，均为线偏振光；出射光的偏振态只与理想线偏振片的方向角 β 相关。

根据式(1.158)可知 $2\varepsilon' = 0$，因此出射光的偏振态 $P'(2\varepsilon', 2\theta')$ 位于 Poincaré 球的赤道上。且式(1.157)和式(1.158)表明 $\tan 2\theta' = \tan 2\beta$，即 $\theta' = \beta$，因此出射光的偏振态为 $P'(0, 2\beta)$。也就说理想线偏振片可将 Poincaré 球面上任意一点直接转化为 Poincaré 球的赤道上偏离本初子午线 2β 的位置。

利用 Poincaré 球法除了能够确定出射光的偏振态外，出射光的强度值也可通过 Poincaré 球进行测量。为了得到出射光的强度 $1/2 \cdot [1 + \cos 2\varepsilon \cos 2(\beta - \theta)]$，需先在 Poincaré 球表面构建一个直角球面三角形，然后测定本初子午线上的 2ε 长度，最后测定赤道上的 $2(\beta - \theta)$ 长度。根据球面三角形的余弦性质 $\cos 2\nu = \cos 2\varepsilon \cos 2\theta$，可得到圆弧 2ν 的长度为本初子午线上的起点到沿赤道终点的弧长。将该因子加上 1，再除以 2 即可得到光强值。

2) 波片

波片的 Mueller 矩阵可表示为

$$M_R = \begin{bmatrix} 1 & 0 & 0 & 0 \\ 0 & 1 & 0 & 0 \\ 0 & 0 & \cos\phi & -\sin\phi \\ 0 & 0 & \sin\phi & \cos\phi \end{bmatrix} \tag{1.159}$$

当入射光为线偏振光时

$$S = \begin{bmatrix} 1 \\ \cos 2\alpha \\ \sin 2\alpha \\ 0 \end{bmatrix} \tag{1.160}$$

对比式(1.155)和式(1.160)可得

$$\cos 2\varepsilon \cos 2\theta = \cos 2\alpha$$
$$\cos 2\varepsilon \sin 2\theta = \sin 2\alpha \qquad (1.161)$$
$$\sin 2\varepsilon = 0$$

经过波片后，出射光的 Stokes 矢量为

$$\boldsymbol{S'} = \begin{bmatrix} 1 \\ \cos 2\theta \\ \cos\phi\sin 2\theta \\ \sin\phi\sin 2\theta \end{bmatrix} \qquad (1.162)$$

用椭圆率 ε' 和方位角 θ' 表示出射光的 Stokes 矢量，则

$$\boldsymbol{S'} = \begin{bmatrix} 1 \\ \cos 2\varepsilon'\cos 2\theta' \\ \cos 2\varepsilon'\sin 2\theta' \\ \sin 2\varepsilon' \end{bmatrix} \qquad (1.163)$$

因此，对比式(1.162)和式(1.163)可得到

$$\sin 2\varepsilon' = \sin 2\theta \sin\phi$$
$$\tan 2\theta' = \tan 2\theta \cos\phi \qquad (1.164)$$

　　式(1.164)描述的变换过程可用图 1-19 所示的波片球面直角三角形表示。从图中可以清晰地看出入射光偏振态 $P(2\varepsilon, 2\theta)$ 是如何转变为出射光的偏振态 $P'(2\varepsilon', 2\theta')$。

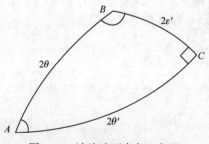

图 1-19　波片球面直角三角形

　　对式(1.164)进行分析，可以得到如下结论。

　　(1) 若入射光为水平线偏振光，此时 $2\alpha = 2\theta = 0$。根据式(1.164)可知，$2\varepsilon' = 0$，$2\theta' = 0$，所以入射光的偏振态不受波片的影响。

　　(2) 若入射光为+45°线偏振光，此时 $2\alpha = 2\theta = \dfrac{\pi}{2}$。根据式(1.164)可知，

$\sin 2\varepsilon' = \sin\phi$，$\tan 2\theta' = 0$，因此，$2\varepsilon' = \phi$，$2\theta' = \dfrac{\pi}{2}$，意味着出射光为右旋圆偏振光。

(3) 若入射光为垂直线偏振光，此时 $2\alpha = 2\theta = \pi$。根据式(1.164)可知，$2\varepsilon' = 0$，$2\theta' = -\pi$，P 与 P' 关于圆心对称。

3) 旋转器

旋转器的 Mueller 矩阵为

$$M = \begin{bmatrix} 1 & 0 & 0 & 0 \\ 0 & \cos 2\beta & \sin 2\beta & 0 \\ 0 & -\sin 2\beta & \cos 2\beta & 0 \\ 0 & 0 & 0 & 1 \end{bmatrix} \tag{1.165}$$

因此入射光经过旋转器之后的 Stokes 矢量为

$$S' = \begin{bmatrix} 1 \\ S_1 \cos 2\beta + S_2 \sin 2\beta \\ -S_1 \sin 2\beta + S_2 \cos 2\beta \\ S_3 \end{bmatrix} \tag{1.166}$$

若用 ε 和 θ 表示，则式(1.166)可改写为

$$S' = \begin{bmatrix} 1 \\ \cos 2\varepsilon \cos 2(\theta - \beta) \\ \cos 2\varepsilon \sin 2(\theta - \beta) \\ \sin 2\varepsilon \end{bmatrix} \tag{1.167}$$

可以看出：旋转器的作用是使 Poincaré 球上的点 $P(2\varepsilon, 2\theta)$ 绕 S_3 旋转 β，变化为 $P'(0, 2(\theta - \beta))$。椭圆率角保持不变，偏振方向角发生了改变。

1.3　本章小结

本章介绍光偏振的相关知识，包括光偏振现象的发现与诠释、偏振光的概念，以及偏振光的分类。着重介绍了三角函数法、Jones 矢量法、Stokes 矢量法和 Poincaré 球法等四种偏振光的表示方法，包括各方法的数学表达式和物理意义及应用、典型光学器件的表示。

第 2 章　偏振成像探测

本章主要介绍偏振成像探测的概念、分类、优势及发展历程。

2.1　偏振成像及其分类

2.1.1　偏振成像概念

光波的基本信息包括：振幅(光强)、频率(波长)、相位和偏振态。一直以来，在光学探测领域人们尝试着获取尽可能丰富的光学信息，从而提高光学探测的性能。例如，人们通过相机、光谱仪、多普勒仪分别探测光的强度、波长、相位信息，实现形影成像、材质分析、速度探测。近年发展出的同时获取强度与光谱信息的成像光谱技术也取得了良好的应用。但在可见光波段光波强度特征的传统光学探测技术及其图像处理、分析、理解过程中，对于光强或波长与背景区别不大或者阴影中的目标探测效果并不理想。而且，传统光学探测技术只能对图像中目标的轮廓、类别等作一些初步的分析、理解，而对图像中目标的一些本质特征(如目标的材质、目标的细节特征等)难以做出正确和准确的理解，这限制了其探测能力。另外，传统光学探测技术受光线传播环境的影响较大，也限制了其应用的范围，如在雾霾、雨雪、沙尘、水下等环境中探测效果差。

偏振信息作为光波的基本物理信息之一，可以提供其他光波信息所不能提供的被测物信息，包括物体的材质及其表面形貌、形状、纹路和粗糙度密等，而且某些偏振信息受光线传播环境的影响较小[9-14]。偏振成像探测技术通过偏振信息的获取，可以不同程度地解决传统光学成像技术所受的限制。该技术将偏振测量与图像处理相结合，通过测量物体光波的偏振信息，可以有效解决传统光度学在目标探测和识别领域无法解决的问题，弥补探测效果受环境制约较大的不足，并取得高对比度的探测图像。与传统的光学探测技术相比，偏振成像探测技术在目标探测和识别领域具有独特优势。

然而，人类视觉系统或光电探测器无法直接感知光的偏振信息，因此需要借助各类偏振成像探测系统，将偏振信息以不同的方式转化为光强信息，从而感知、测量和分析场景的偏振信息。

偏振成像探测技术是一种获取目标二维空间光强分布以及偏振特性分布的新

型光电成像技术，它在传统强度成像基础上增加了偏振信息维度，不仅能获取二维空间光强分布，还能获得图像上每一点的偏振信息。

偏振成像探测系统通常包括以下四部分。

(1) 光源：被动成像时，光源就是自然光；在主动式偏振成像系统中为用来产生照明的物体。

(2) 起偏器(polarization state generator，PSG)：一般的光源只能产生非偏振光、特定偏振状态的偏振光或随机偏振状态的偏振光。PSG 与自然光源配合使用，用来产生需要的照明偏振光。其中，能够产生任意偏振态的 PSG 称为完备的 PSG。

(3) 检偏器(polarization state analyzer，PSA)：在光束进入图像传感器之前，用来调制待检测光束的偏振状态，实现光束偏振态测量的偏振器件。

偏振成像系统中的 PSG 和 PSA 由偏振器件构成。常见的偏振器件包括双折射型偏振器、线栅型偏振器、散射型偏振器、二向色型偏振片、偏振分束器、波片、相位延迟器等。

(4) 图像传感器：用来采集图像。

2.1.2　偏振成像探测技术分类

偏振成像探测技术发展至今，已经报道的方案有数十种之多，并且还不断涌现出新的方案。偏振成像探测技术有多种分类方法。

1) 按照工作波长分类

按照工作波长可分为紫外偏振成像探测、可见光偏振成像探测、红外偏振成像探测、太赫兹偏振成像探测、毫米波偏振成像探测等。

2) 按扫描方式分类

按照偏振元件的控制方式可分为摆扫式偏振成像探测、推扫式偏振成像探测、窗扫式偏振成像探测、快照式偏振成像探测等。

3) 按照光源照明方式分类

按照光源照明方式可分为被动式偏振成像探测和主动式偏振成像探测。

被动偏振成像探测直接对目标物进行成像，获得目标的偏振特性，其光源一般是太阳光，也可以是其自身辐射或其他光源，更适用于目标识别、图像增强和遥感等领域。

主动式偏振成像探测采用已知偏振状态的光源照明待测物体，测量由待测物体反射光的偏振信息，一般用于浑浊介质(海水、生物组织、雾霾等)[15-20]偏振成像探测，还可用于测量样品的 Mueller 矩阵、图像复原和增强等。图 2-1 是一种常见的主动式偏振成像探测系统示意图[21]。

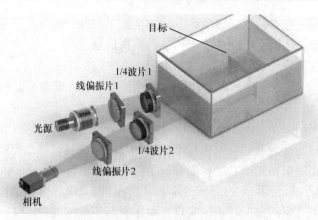

图 2-1　主动式偏振成像系统示意图

系统主要由光源、起偏器(PSG)、检偏器(PSA)、图像传感器四部分组成。在该系统中，照明光源与场景中目标相互作用后反射的光束为待测量的光束。系统采用偏振分析器对场景的反射光进行偏振调制。偏振分析器由一个 1/4 波片和一个线偏振片组成，系统以笛卡儿坐标系为标准，令 1/4 波片的快轴和线偏振片的通光轴的初始位置都以沿 x 轴方向为 0°方向。通过旋转偏振片和 1/4 波片到规定的角度，采集相应的图像强度信息，从而根据矩阵推导获得被测光束的偏振参量。

4) 按照测量的偏振参量分类

按照偏振参量测量的个数可分为偏振选通成像、偏振差分成像、线偏振成像、全偏振成像、Mueller 矩阵成像。

偏振选通成像探测：获取目标某个方向线偏振信息，是最简单、信息量最小的偏振成像探测技术。典型代表：偏光太阳镜、3D 眼镜。

偏振差分成像探测：获取目标强度信息 $S_{0°}$ 和互相垂直的 $S_{90°}$ 两个方向的偏振信息，利用这两方向的偏振特性差异(S_1 或 S_2)进行成像探测的技术。典型代表：宾夕法尼亚大学的 PDI 装置、西安交通大学的 RG-PDI 装置。

线偏振成像探测：获取目标的强度和全部线偏振信息 (S_0, S_1, S_2) 的偏振成像探测技术。典型代表：法国的 POLDER 偏振成像仪、中国科学院安徽光学精密机械研究所(以下简称安光所)的多角度偏振相机 DPC。

全偏振成像探测：在获取全部线偏振信息的同时还获取圆偏振信息(S_3)的偏振成像方式。典型代表：西安交通大学的干涉 Stokes 偏振成像仪、清华大学的 Mueller 矩阵偏振显微镜。

5) 根据获得偏振图像的方式分类

根据获得偏振图像的方式可分为简单偏振探测、时序型偏振成像探测、同时偏振成像探测、干涉偏振成像探测、Mueller 矩阵成像[22]。

简单偏振探测：仅仅获取少数偏振信息量的探测技术，主要包括前述偏振选通成像、偏振差分成像。

时序型偏振成像探测技术：通过使用可以运动的部件或者手动调节的方式在不同时间、依次获取不同偏振器件对成像场景光束调制后的偏振图像的探测技术，也就是说，其成像系统在不同的时间段内获取同一个场景中不同的偏振图像，如图 2-2 所示。

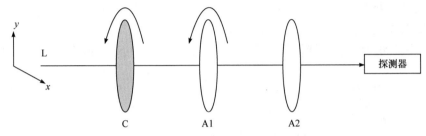

图 2-2　时序型偏振成像示意图

但是此类偏振成像探测技术只适用于静止的成像场景，无法在动态场景下的目标探测系统中使用。目前常见的时序型偏振成像探测系统包括：①基于波片和偏振片的偏振成像系统；②液晶可调相位延迟器的偏振成像系统。

在时序型偏振成像系统中，偏振调制器是重要组成部分，通过偏振调制器，偏振成像系统可以对场景入射偏振光进行偏振调制，获得具有不同光强特性的同一场景偏振分量图像，进而通过计算得到场景的偏振信息。

偏振调制器一般由多个不同的偏振器件组合而成，设一典型偏振调制器具有 n 个不同的偏振器件，一般地，为保证偏振调制器对入射光的精确调制，上述偏振器件的透光轴应互相重合，保证被调制光在各个器件表面的正入射。设上述第 i 个偏振器件的 Mueller 矩阵为 M_i，则偏振调制器的 Mueller 矩阵为

$$M = \prod_{i=0}^{n} M_i \tag{2.1}$$

设入射光的 Stokes 参量为 S，出射光的 Stokes 参量为 S'，其变换关系可表示为 $S' = M \cdot S$。

上述过程实现了偏振调制器对入射光的调制功能。偏振调制器的一个重要特征是其 Mueller 矩阵可以对入射光进行全相位调制。全相位调制是指，在任意偏振状态的偏振光入射的前提下，通过调整偏振调制器的状态，入射光在经调制后可得到具有任意 Stokes 参量出射的出射光。因此，只有特定的一些偏振器件组合可以满足偏振调制器的构成要求。

同时偏振成像探测技术：把光束在空间上分成多路，通过不同光路的偏振器件后进入相机成像的探测技术，是一种空间调制的方法。这类偏振成像探测技术

目前研究最多，可以实时获得偏振分量，即一次成像获取目标多幅偏振图像。它是利用分束器件或采用多个子系统，获取目标不同偏振状态下的强度图像阵列，通过计算得到目标 Stokes 参量图。其中常见的空域偏振成像系统包括分振幅偏振成像系统、分孔径偏振成像系统和分焦平面偏振成像系统。其中分振幅型偏振成像系统利用分束镜和反射镜等将入射光分为 3 或 4 路多光路，即在 3 或 4 个探测器方向同时获取目标多个偏振分量，实现线偏振或全偏振成像；分孔径型系统利用微透镜阵列将入射光分为多路在探测器的不同象限获取物方多个偏振分量，实现线偏振或全偏振成像；分焦平面系统在探测器阵列表面特殊工艺处理在保持常规光学镜头情况下实现线偏振成像。图 2-3 为分振幅型同时偏振成像系统示意图。

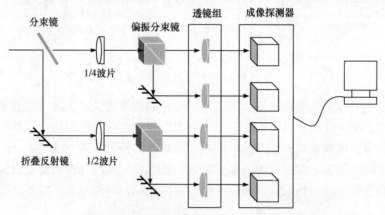

图 2-3　分振幅型同时偏振成像系统示意图

干涉偏振成像探测技术：又称通道调制型偏振成像探测技术，利用分束器件将原光路分成调制有偏振信息的多路，这几路汇聚于像面并相干，从而获取带有目标偏振信息的干涉图案，再利用计算机从干涉图中解算出 Stokes 矢量图的偏振探测技术。主要有下面几种：棱镜干涉型偏振成像、萨瓦板平板型干涉偏振成像和偏振光栅型干涉偏振成像[23]。

2.2　偏振成像探测的优势

偏振是对电磁波特征更全面、更深入的表述。在光与介质、微粒及界面的相互作用中，偏振状态往往会有较敏感的响应，因而能够蕴含丰富的目标与环境信息。通过偏振特征获取信息是对电磁波物理性质更充分的综合利用。利用偏振光学技术进行目标的探测与识别是对现有光学观测手段的重要补充，并提供了一些其他手段难以比拟的优势。

2.2.1　穿透烟雾

基于在散射介质中偏振信息相对于强度散射衰减小的特性，特别是圆偏振信息衰减更小的特性，全偏振成像具有可增加雾霾、烟尘中的作用距离的优势[20,24,25]。

目标与观测设备之间通常充斥着各种各样的散射介质。目标反射/辐射光受到散射作用的影响，有可能使传统光学观测的信噪比和分辨率大幅度降低。光的偏振状态同样也会受到散射作用的影响，并出现一定程度的退化。但是，散射效应造成的偏振特性的退化要比光强的衰减缓慢。因此，利用偏振特性进行目标的探测和识别，能够在烟雾、扬尘等强散射介质环境中表现出更为强大的能力。

作为大量散射颗粒作用的综合效果，偏振度、偏振角以及偏振椭率等偏振光的统计特征随着光在散射介质中的传播而发生的变化满足特定的规律，不同波长、不同偏振方式的光会表现出不同的散射行为，其偏振特征的演化规律也不同。通过偏振测量可以反演出传输介质的特性，这也为目标观测中补偿散射影响提供了可能。

图 2-4 为目标板左上在厚 0.5m、烟浓度(消光系数)6m⁻¹ 的模拟战场硝烟中传输后的成像效果对比，此时普通强度能见度 0.33m，因而右上无法显现目标板，采用偏振成像探测，左下单圆偏振使得对比度提高 2.5 倍，右下偏振成像更使其提高 4 倍。

图 2-4　美国 2011 年可见光全偏振成像技术增强战场硝烟后的目标图像质量

2.2.2 凸显目标

偏振状态是有别于光强和频率等传统光学测量参数的一个独立的光波特征，通过测量获得光的偏振特征，可以得到传统光学技术仅仅依靠光强和频率测量无法获得的观测信息[26]。

偏振特性不仅与材质有关，而且对表面情况、空间形态以及相对于观测的姿态等物理、几何和运动特征等很敏感[27,28]。因此，偏振成像探测技术为充分提取目标特征，深入了解目标行为提供了丰富的信息。

通常情况下，人造目标与自然物体的偏振特性有明显的差异。在目标光强光谱特性与环境非常接近的情况下，人造目标与复杂背景偏振特性差异明显，因而偏振特性为我们提供了从背景中搜索发现目标的新途径，使得偏振成像探测技术在复杂环境中搜索发现目标成为新的有效手段。在复杂环境下凸显目标，这一特点已经在许多实验和应用中得到了证实[29-31]。

图 2-5(a)中，普通可见光强度成像无法识别躲在阴影中的黑色车；图 2-5(b)中，偏振成像中获得了与正常光照相同的效果。

 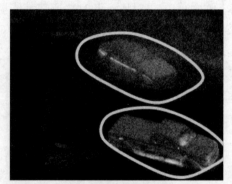

(a) 可见光强度成像   (b) 可见光偏振成像(与光照强度无关)

图 2-5   美军 2008 年对普通光照与阴影中黑色车辆两种成像结果对比

信杂比(signal-to-clutter ratio，SCR)是目标信号图像的快速傅里叶变换(fast Fourier transform，FFT)与相邻背景信号图像的 FFT 之比，以目标为考察对象。它不同于信噪比(signal-to-noise ratio，SNR)。SNR 以探测器输出为考察对象，是 SCR 经过传输及探测系统影响最终在接收面上得到的信号与系统及背景噪声功率的比值。偏振成像可以使得加上偏振滤光装置后 SNR 很低的图像获得很高的 SCR。图 2-6 左图采用高效能前视红外成像；右图一方面采用响应低于前视红外成像的普通偏振红外成像，同时偏振元件的引入进一步降低了光的能量利用率。但鉴于人造目标与自然背景偏振度存在较大差异，右图与左图相比，SCR 从 8.5 提高到 30，成像质量大大提高。

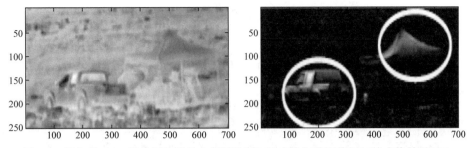

图 2-6　以色列 2005 年对复杂背景中车辆前视红外成像与普通偏振红外成像效果对比

有人认为偏振成像中偏振片的引入会大大降低光能利用率，缩短作用距离。但是探测器响应所需能量阈值一般很低，实际成像中目标难以识别很少是因为探测所需的能量不足，而是目标的 SCR 不够高，无法从复杂背景中分辨出来；偏振成像使得 SCR 的提高会大大提高目标识别能力，从背景中凸显目标，增加远距离目标的识别能力，降低虚警率。

2.2.3　识别真伪

基于偏振对电导率敏感的特性，偏振成像具有识别真假目标的优势。图 2-7 为可见光偏振成像技术识别塑料和金属。

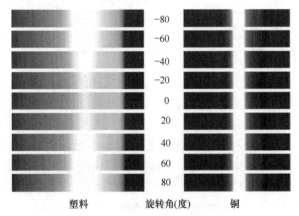

塑料　　　　　旋转角(度)　　　铜

图 2-7　可见光偏振成像技术识别塑料和金属

由图 2-7 可见，由于电导率不同，金属和塑料的偏振角图像有很大差别，十分有利于假目标的识别。

总之，实际中光学成像探测环境常常是具有雾霾、烟尘、海水等干扰的复杂环境，其中的目标常常是信杂比较低的探测目标，造成传统光学成像"认不清""辨不出""看不远"；物体独特的偏振特性决定了偏振成像探测具有独特优势：可提高信杂比而凸现目标，可增加作用距离而看得远，可分辨材质而辨得清，因而十分适合复杂环境下目标的探测与识别[32-37]。

2.3　偏振成像探测技术发展历程

偏振成像技术方面，从获得偏振图像的方式来看，1970 年以前主要还是简单的偏振探测阶段，可以认为是偏振成像探测的萌芽阶段，之后开始了系列深入研究，迄今已发展到了第六代。表 2-1 列出了偏振成像技术的发展历程。

表 2-1　偏振成像技术发展历程表

时间	划代	类型	典型特征
20 世纪 70 年代前	预备期	偏振选通成像	仅获取一个偏振分量
		偏振差分成像	获取互相正交的两个偏振分量
20 世纪 70 年代	一代	旋转偏振元件(偏振片/波片)型	机械运动
20 世纪 80 年代	二代	分振幅型	多探测器
20 世纪 90 年代	三代	电控液晶调制型	液晶电控调制
20 世纪 90 年代后期	四代	分波前/分孔径型	单探测器
2000—	五代	分焦平面型	集成化
2003—	六代	干涉型	小型化 物理光学机理

下面我们依照以上历史脉络，详细介绍偏振成像探测技术的发展历程。

在偏振成像探测技术预备期，发明了偏光片，并基于此开展了偏振选通成像与偏振差分成像探测。

虽然 1669 年丹麦科学家拉斯穆·巴多林就发现了光束通过冰洲石(Iceland spar)时的双折射现象，1808 年马吕斯发现了卢森堡宫玻璃窗反射光的偏振现象，但真正用于偏振成像探测必须从偏光片的诞生说起。

偏光片诞生在美国，是兰德(Land，1909—1991)发明的。兰德(图 2-8)是 20 世纪伟大的科学家和多产的发明家，也是成功的企业家和精明的商人，他的发明专利有 535 项之多，是知名度仅次于最伟大的发明家爱迪生的发明家，是被乔布斯所崇拜的精神导师。

据说兰德从小喜欢光学，13 岁参加夏令营活动看到方解石双折射现象就非常着迷，17 岁就读于哈佛大学物理系一年级时，休学致力于发明实用的大面积偏光片实验。

图 2-8　埃德温·赫伯特·兰德

兰德看了一篇由英国的一位医生赫拉帕斯(William B. Herapath)在 1852 年发表的论文，内容提到赫拉帕斯的一位学生曾不小心把碘掉入奎宁的硫酸溶液中，发现立即就有许多小的绿色晶体——碘硫酸奎宁产生，赫拉帕斯将这些晶体放在显微镜下观察，发现当两片晶体相重叠时光的透过率会随晶体相交的角度而改变：相互垂直时光被完全吸收，相互平行时光可完全透过。赫拉帕斯试图做出较大的偏光晶体，然而花了将近十年也没有获得成功。兰德重复赫拉帕斯的实验也发现此路不通，于是发明了新的方式：①把大颗粒碘硫酸奎宁晶体研磨成微小晶体，并把这些小晶体粉末悬浮在液体中；②把一塑料片放入这种悬浮液中，之后再放入磁场或电场中定向排列这些小晶体；③把这个塑料片从悬浮液里捞出，偏光晶体就会定向粘附在塑料片的表面上，干燥后就制作成了偏光片。这个方法本质上是将许多小的偏光微晶有规则地排列好，其效果相当于大的偏光晶体。采用这个方法，兰德在他 19 岁时成功做出了最早的 J 型偏光片，并于 1929 年申请了偏光镜专利，1937 年注册成立 Polaroid 公司。该公司是偏光镜片技术的创造者，也是领导者之一。

经过不断的研究改进，兰德终于在 1938 年发明了到现在还在沿用的 H 型偏光片制造方法：把聚乙烯醇(PVA)薄膜在水蒸气浴中均匀加热并拉伸，使那些无序的相互纠合在一起的长链分子在沿同一方向拉伸过程中排列整齐。之后在含碘溶液中浸泡经过拉伸的 PVA 薄膜，使碘分子嵌入到已被拉直的分子上去，形成一条条的碘分子链，经晾干便成为性能优良的 H 型人造偏光片。从此揭开了从醋酸纤维板型到热固型，再到热塑型的偏光镜片发展历程，现在的偏光镜尺寸稳定，光学性能优良，抗紫外性能达到 99%以上，成为人们特殊环境下保护视力的重要工具。

　　偏光片的发明也为照相技术解锁了压暗蓝天、去除反光的新功能，人们将偏光片夹在高质量玻璃之间，制成相机偏光片，或叫偏振片，当拍摄水面、玻璃器皿、陈列橱柜、油漆表面、塑料等光滑表面物体时，在镜头前加偏振镜并旋转，找到最佳位置，当观察到被摄物体的反光消失时，就可以获得清晰的画面，使得偏振镜成为风光、广告、建筑摄影等领域中不可或缺的部件。

　　同时，人们发现，相机镜头前加的偏光片旋转到正交位置，可以获得最亮和最暗两幅图像，二者相减，可以有效去除背景影响，于是发展出了偏振差分成像技术。但人们发现偏振差分成像获取的偏振信息量还是非常有限，无法满足应用需求。

　　20 世纪 70 年代，偏振成像探测技术发展到第一代，是可以获取至少 3 个偏振信息的旋转偏光元件型，图 2-9 为一个旋转偏光元件型偏振成像系统。

图 2-9　旋转偏光元件型偏振成像系统

　　该型偏振成像技术通过旋转偏振片、波片等偏光元件的方式，在不同时间依次获取不同偏振器件对成像场景光束调制后的偏振图像。早期用照相胶片记录图像，曾装载在美国 U-2 高空侦察机上对苏联导弹发射井进行侦察。80 年代随着电视摄像管和电荷耦合器件(charge coupled device，CCD)芯片技术的发展，探测能力得到了较大提高。其技术瓶颈使其体积、重量、抗振能力、环境适应能力难以满足应用需求；同时时序型的工作方式使其适合于静对静观测，而对运动目标的观测或在运动载体上对目标观测很难实现。

　　我国上海技术物理研究所采用第一代旋转波片法研制出 6 通道卷云探测器，90 年代末进行了飞行实验，并随神舟三号飞船发射升空。

为突破第一代偏振成像仪器有运动部件的瓶颈，20 世纪 80 年代出现了第二代偏振成像技术——分振幅型偏振成像探测技术，其系统结构图如图 2-10 所示。

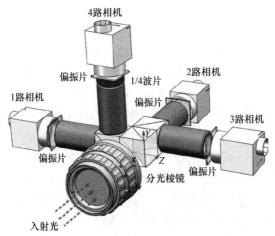

图 2-10　典型分振幅型偏振成像系统结构图

它采用分束器将入射光分为 3 路(线偏振成像)或 4 路(线偏振成像)，后接 3 个或 4 个探测器同时探测，再利用计算机解算。由于线偏振成像中需 3 套光路 3 个探测器接收、全偏振成像中需要 4 套光路 4 个探测器接收，不同光路及不同探测器之间的响应一致性、时间同步性、像元匹配性等实现与控制都比较难，并且结构复杂、系统笨重。

第三代为电控液晶调制型偏振成像仪，是 20 世纪 90 年代随着液晶技术的成熟而出现的，它以电压控制液晶分子偏转来取代第一代的机械旋转来实现偏振图像探测，体积小、重量轻，时序成像速度快，图 2-11 所示是一种典型的基于液晶可变相位延迟器(liquid crystal variable retarder, LCVR)的电控液晶调制型偏振探测系统。

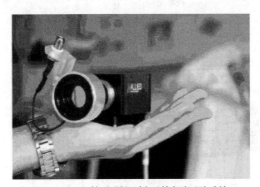

图 2-11　电控液晶调制型偏振探测系统

　　但正如美国空军科学研究局(Air Force Office of Scientific Research, AFOSR)1996年的报告指出：该型偏振成像仪具有因而主要用于目标特性研究等，很少用于装备。

　　1996年美国国防报告《偏振成像技术总结与发展规划》认为，旋转偏振片型和分振幅型技术有运动部件且体积庞大，这在很大程度上限制了其军事应用的范围，而当时较为先进的电控液晶调制型偏振成像技术由于响应光谱范围窄、光透过率低、成像帧频低等无法克服的缺点，以及电噪声、发热等瓶颈问题，难以承担军事应用需求，必须发展新型的军用偏振成像技术。

　　很快，针对分振幅偏振成像技术多光路多探测器导致的笨重、时空匹配难问题，人们发明了第四代偏振成像技术——分孔径偏振成像探测技术，如图2-12所示。该技术采用前置望远系统，利用微透镜阵列将入射光分为4部分，分别通过4个偏振片，最后用同一探测器接收，通过简单计算实现偏振成像，也就是说可以实现同光路同探测器不同区域同时偏振成像。美国亚利桑那州立大学、偏振传感器公司在此方面的研究处于领先地位，得到了美国国家航空航天局(National Aeronautics and Space Administration, NASA)喷气推进实验室(JPL)、空军实验室、空军科研办公室、陆军实验室等部门的支持，已研制出产品，NASA将其搭载在C-130飞机、航天飞机上对地表和海洋热源偏振目标进行探测，以提高天基红外导弹预警卫星的识别精度、降低虚警率。这种类型的设备工艺加工难度高，全偏振成像探测实现困难。

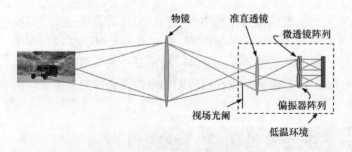
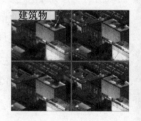

图2-12　分孔径型偏振探测原理示意图与结构图

安光所 2002 年后制作了航空多波段偏振 CCD 相机试验样机[38]，将入射光分为三个偏振通道，分别采用三台 CCD 相机成像，实现了线偏振光探测，虽然结构复杂程度等同于分振幅型，但探测原理上属于分孔径型，因而可归入准三代。

进入 21 世纪后，静态全光微小型化应用推广发展，同时出现了第五代分焦平面偏振成像和第六代干涉型偏振成像技术两种新的成像机制。

第五代分焦平面偏振成像技术直接在探测器探测面阵前每 4 个像元为一组制作微型偏振片阵列实现偏振探测，开展该研究的主要有美国 NASA JPL，Moxtek 公司，亚利桑那州立大学，华盛顿大学圣路易斯分校等机构，其技术难点主要是微型线/圆偏振片阵列的工作机理、优化设计及其与 CCD 相机像元的精确配准等。国内外现有分焦平面红外偏振成像探测器总结如表 2-2 所示。1999 年，美国亚拉巴马大学(University of Alabama)Nordin 等研制出第一款可见光波段分焦平面偏振探测器，结构如图 2-13(a)所示。2012 年美国莱特·帕特森空军基地报道了美国空军研究实验室(AFRL)正在开发基于新型圆偏振滤光镜的偏振成像技术。这种滤光片能够同时获得圆偏振和线偏振光，如图 2-13(b)所示。

表 2-2　国内外现有分焦平面红外偏振成像探测器

单位	美国雷神	美国空军实验室	美国 Polaris	英国 Thales	瑞典 IRnova	上海技术物理研究所	西北工业大学
探测器	碲镉汞	碲镉汞	氧化钒	量子阱	量子阱	—	氧化钒
制冷模式	制冷型	制冷型	非制冷型	制冷型	制冷型	制冷型	非制冷型
工作波段/μm	8~10	7.9~9.9	7.5~13.5	8~10	7.7~9.1	9~11	8~14
NETD/mK	≤40	—	≤70	≤25	20	—	≤50
NEDOLP	—	—	<0.5%(无偏)	—	—	<2%	<3%(线偏光)
偏振消光比	10	6~10	—	1.8~2.5	1.6	—	~2
像素分辨率	256×256	640×480	640×512	640×512	320×256	320×256	640×512
像元尺寸/μm	30	—	17	20	30	30	17
帧频/Hz	—	—	30/7.5	50	60	25	50
体积	—	—	165mm×57mm×57mm	215mm×150mm×330mm	71mm×57mm×142mm	—	85mm×46mm×46mm
重量/g	—	—	184	7900	550	—	95
功耗/W	—	—	5	32	7	—	1.8

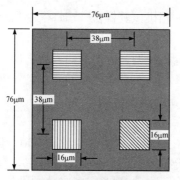

(a) Nordin等研制的首款偏振焦平面　　　　　　(b) 美国陆军实验室研制的全偏振焦平面

图 2-13　典型偏振焦平面阵列

2014 年,美国报道了一种采用 65nm 标准互补金属氧化物半导体(complementary metal oxide semiconductor,CMOS)工艺制作的集成焦平面 2×2 线栅可见光偏振片图像传感器,它能够重建每个像素的偏振响应,并用时域有限差分法优化了多层焦平面线栅偏振器可见光谱的消光比。

索尼在 2016 IEEE 国际电子器件会议(IEDM 2016)介绍了一款内置偏振元件的新型背照式 CMOS 传感器。在普通偏振相机上,成像元件和偏振元件是分开的,偏振元件放在位于传感器受光部上方的片上透镜(On-chip lens)与外置保护玻璃之间。而此次发布的新型传感器则是在光电二极管的上方直接放置用金属线栅制作的偏振元件,实现了单芯片化,可以说这是分焦平面走向商品的核心。基于此芯片可以制造比以往更小、成本更低的偏振相机。2016 年,该芯片实现了产品化,目前国内外已有多家光学企业基于该芯片开发出了分焦平面偏振相机。2017 年,索尼公司推出了可见光分焦平面偏振传感器 IMX250MZR,分辨率:1224×1024,是目前市场上最大规模商用的可见光偏振传感器。基于该芯片,有关企业开发了工业分焦平面偏振相机,如图 2-14 为型号 PHX050S 的工业分焦平面偏振相机。

图 2-14　PHX050S 工业分焦平面偏振相机

2015 年，北极星传感器科技公司(Polaris Sensor Technologies)和美国陆军实验室合作研制成功世界上首款非制冷式红外分焦平面偏振探测器，据说已列装部队。2017 年，西北工业大学联合北方广微科技有限公司推出了国内首款非制冷式红外焦平面偏振相机，如图 2-15 所示，其采用亚波长微型偏振片光栅表面刻蚀工艺，像原尺寸 $17\mu m \times 17\mu m$ ，分辨率 640×512 。

图 2-15　非制冷式红外偏振焦平面及机芯示意图

第六代的干涉偏振成像技术是另一种具有潜力的偏振成像技术。其技术概念是 2003 年日本 Oka 等提出的[39]，其结构原理图如图 2-16 所示。

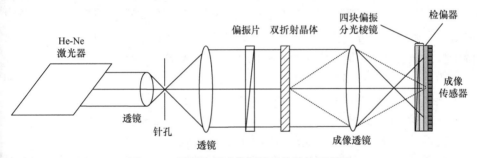

图 2-16　干涉偏振成像探测系统结构原理图

这是一种基于楔形棱镜的干涉偏振探测系统，它利用位相延迟器将不同位相因子分别同时调制到各线/圆偏振分量上，通过成像透镜傅里叶变换在探测器面阵上分开，再通过计算机解调实现全偏振成像探测。

为了解决楔形棱镜不易装配的问题，2006 年 Oka 等提出了基于两块薄厚不同的萨瓦板的快照式干涉偏振成像方案[40]，2008 年 Luo 等对上述萨瓦板结构进行改进，形成完善的单色光偏振成像系统[41]。

2009 年 DeHoog 等[42]提出了利用萨瓦板与衍射透镜结合的结构对干涉偏振成像波段进行扩展，两年后美国亚利桑那州立大学将萨瓦板偏振成像系统与衍射透镜结使得偏振成像系统的工作波段扩展到 50nm[43]，由于工作波段的扩展系统通光量增加，从而使系统探测能力提升。Cao 等[44]在上述基础上使用改良型萨瓦板获得了分辨率较高、信噪比大、视场角大的干涉偏振成像系统。

在快照型萨瓦板偏振干涉成像系统的结构基础上，2009 年美国亚利桑那大学的库德诺夫等利用 Sagnac 结构结合闪耀光栅，代替萨瓦板，得到了基于 Sagnac 结构的复色光干涉偏振成像系统[45]，可惜光路十分复杂，并且配准过程烦琐。为此库德诺夫等于 2011 年提出了一种利用理想光学元件——偏振光栅代替传统干涉偏振成像系统中的萨瓦板，获得了结构简单、体积紧凑的复色光干涉偏振成像系统[46]。

2010～2011 年他们又研制出基于反射/透射结构的通道调制型可见光全偏振成像原理样机；2011 年突破了单波长全偏振成像的技术瓶颈，实现了较窄波段上的全偏振图像实时获取。

2010 年左右开始，西安交通大学朱京平等指出，干涉偏振成像技术受到原理限制，仅能单色或准单色成像，光能利用率太低，严重影响其应用，就此，干涉光谱偏振成像技术向两个方向发展：①宽波段干涉偏振成像，以提高光能利用率；②干涉光谱偏振成像，干脆把光谱展开，同时获取光谱、偏振、强度的空间分布。

西安交通大学朱京平等于 2010 年在 *Optics Letters* 上发表了其干涉光谱偏振成像技术[47]，该多维度成像仪通过偏振调制模块将各个偏振分量调制到不同相位通道，再通过干涉分光模块将不同波长的光在频域有效分开，最后在探测器上获得干涉调制的图像，解调即可获得空间每一点的光谱、偏振与强度信息。

2015 年，美国提出了一种基于像素化偏振器和彩色图案检测器的压缩光谱和偏振成像仪。该成像仪通过光谱和偏振编码捕获多个分散的压缩投影。多个波长的 Stokes 参数图像直接从二维投影重建。使用像素化偏振器和彩色图案检测器可以在空间、光谱和偏振域上实现压缩传感，从而减少测量的总次数。

2015 年，美国还提出了一种压缩快照彩色偏振成像仪，它使用液晶调制器对空间、光谱和偏振信息进行编码，如图 2-17 所示。实验表明，通过复用偏振态，偏振成像是可压缩的。实验数据重建结果表明，这种压缩相机可捕捉四个偏振通道和三个颜色通道的空间分布。它实现了小于 0.027°的空间分辨率、103%的平均消光比和大于 30%的峰值信噪比。

2015 年以后，国际上相关领域的研究主要集中于分焦平面偏振成像相机实用化、干涉偏振成像波段拓展及偏振成像探测技术应用探索，并取得了一系列成果。

2015 年，美国 NASA 太空飞行中心研制基于分焦平面的偏振天文观测仪器，采用偏振角度为 0°、45°、90°和 135°的微偏振阵列相机与数字相机结合，使用施密特卡塞格林望远镜对日全食进行观测，工作波段范围 400～1000nm。

2015 年，中国科学院长春光学精密机械与物理研究所将多角度探测技术与偏振技术相结合，研究了其在地物目标识别应用中的相关理论与技术，总结了偏振探测技术的发展现状,定量反演了目标的固有参数,多角度偏振测量仪器如图 2-18 所示。分析了多角度偏振探测仪器的相关参数对目标反演的影响,通过对典型目标采集图像,分析了偏振成像的优势,提出了基于偏振图像实现场景反演的算法。

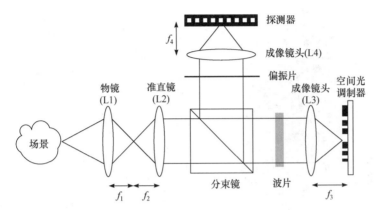

图 2-17　压缩式彩色偏振照相机的原理图

(a) 多角度偏振测量平台

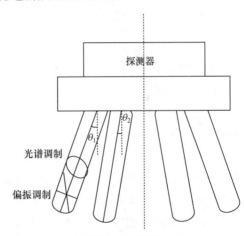

(b) 多角度偏振成像仪概念图

图 2-18　多角度偏振测量仪器

2016 年,日本索尼公司基于其开发的分焦平面偏振芯片,研制了分焦平面型线偏振阵列相机,可在可见光(400～700nm)范围内进行探测。该相机具备 320 万像素(2065×1565)、透射率 63.3%、消光比 85:1、线栅间距 150nm 的性能指标。

2016 年,国防科技大学搭建了一种四镜头式的偏振成像探测系统,如图 2-19 所示。该系统由四个平行放置的探测单元组成,每个单元由广角镜头、线偏镜和 CCD 相机组成,四个单元中,偏振片的偏振方位角为 0°、45°、90°和 135°,该系统利用棋盘格将相机内参标定完成,并标定完成各相机的误差参数,有效地提高了探测系统的探测精度。

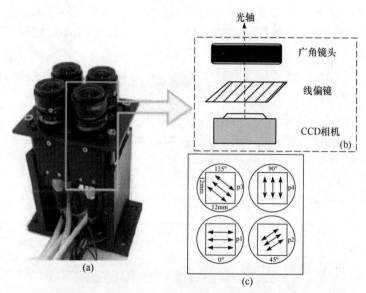

图 2-19　四镜头式偏振成像探测系统示意图

2017 年，美国天主教大学应用分焦平面原理研制天文望远镜[48]，尺寸为 2048×2048 像素(净空面积 1976×1980 像素)，每个像素的尺寸为 7.4μm×7.4μm。摄像电子设备允许最大的帧捕捉速率为 16 帧。最小暴露时间为 10μs，最大暴露时间为 16s。该 CCD 的光谱响应范围从 300nm 扩展到 1000nm，量子效率在 350nm 时为 0.25，在 450nm 时为 0.45。

2017 年，美国波特兰州立大学提出了基于液晶可调谐滤光片(liquid crystal tunable filter，LCTF)和 LCVR 的多光谱 Mueller 矩阵成像方法，系统分为两部分，上部为照明模块，下部为探测模块如图 2-20 所示。PSG(偏振态发生器)和 PSA(偏振态分析器)各由两片 LCVR 组成，通过 LCVR 的相位调制和 LCTF 的光谱调制，实现多波段 Mueller 矩阵成像。采集了 500～720nm、带宽 20nm 的图像，Mueller 矩阵中元素测量结果误差小于 5%。

2017 年，西安交通大学电信学院研制成功 Sagnac 型宽波段干涉偏振成像技术，波段宽度拓展到 360nm。

2018 年，美国康涅狄格大学研制了一种基于积分成像的多维光学传感和成像系统(MOSIS)2.0[49]。该系统利用 3D 积分成像技术，采集场景中的可见光到近红外波段的光谱信息以及偏振信息，可以记录传统成像方法隐藏或丢失场景中的高维信息，这些独特的信息揭示了场景中物体的特定特征，可用于目标识别、材料检测与检验等领域，如图 2-21 所示。

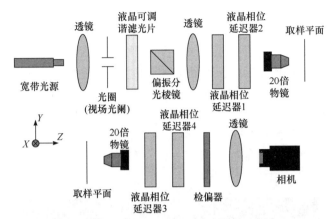

图 2-20 LCVR + LCTF 的高光谱偏振成像系统

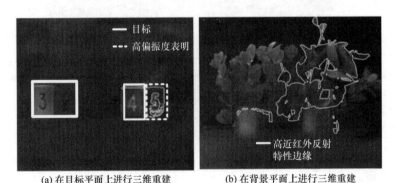

(a) 在目标平面上进行三维重建　　　(b) 在背景平面上进行三维重建

图 2-21 使用 MOSIS 2.0 进行的多维集成可视化结果

2019 年，美国陆军研究实验室与 Polaris 传感器技术公司成功研制了一种基于分焦平面芯片的热红外偏振相机。如图 2-22 所示，热红外偏振图像中可以看到更精细的细节内容，为处在完全黑暗环境中的士兵带来性能更高的视觉技术。

(a) 偏振成像　　　　　　(b) 热红外图像　　　　　　(c) 热红外偏振图像

图 2-22 采用传统和偏振热成像相机探测隐藏的地雷拉发线和诡雷装置

2019 年，美国研制了一种紧凑型五角光谱仪 SPEXone[50](如图 2-23 所示)，目前正在作为美国宇航局浮游生物、气溶胶、云和海洋生态系统观测站的有效载荷而开发，该观测站将于 2022 年发射。SPEXone 从空间提取出准确的大气气溶胶特征，用于气候研究，以及支持主海洋彩色仪器的光程校正。SPEXone 采用双光束光谱偏振调制，将线性偏振状态编码转化为强度的周期性变化。SPEXone 符合 300 的辐射信噪比要求，在整个光谱范围内，在高太阳天顶角的暗海洋场景中，最小偏振精度为 200(全偏振光)至 300(非偏振光)。在杂散光校正因子为 5 的情况下，考虑中等对比度场景，SPEXone 在飞行中的偏振精度非偏振场景为 1.5×10^{-3}，高偏振场景为 2.9×10^{-3}，符合偏振精度要求。这一性能将使 SPEXone 能够提高数据质量，从而能够在 NASA Pace 任务中从空间对气溶胶进行前所未有的表征。

图 2-23　SPEXone 成像探测示意图

　　2019 年，中国科学技术大学对我国自主研发的偏振扫描仪(POSP)(图 2-24)开展了偏振探测实验，主要包括地面实验和航空校飞实验。其中，地面实验是对天空进行扫描，可获取天空的偏振度和辐亮度数据；而航空校飞实验是对地表进行扫描，可获取地表的偏振度和辐亮度数据。为了和偏振扫描仪获取的偏振辐射数据进行对比分析，在实验过程中配置了 1 台三分束同时偏振相机进行偏振探测。结果表明，2 台偏振仪器获得的偏振辐射数据具有较好的一致性，初步验证了 POSP 偏振探测实验数据的有效性，同时，实验获取的偏振辐射数据可为后期大气气溶胶参数的反演提供有效的支持。

　　2019 年，华北光电技术研究所围绕红外偏振成像探测的需求，在长波 320×256 碲镉汞集成偏振探测器的设计及制备工艺上开展了深入的研究，在偏振结构金属层的选取、光栅光刻及刻蚀工艺上进行了大量试验，制备的长波 320×256 碲镉汞集成偏振探测器性能较好。碲镉汞集成偏振探测器如图 2-25 所示。

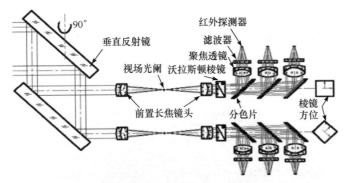

(a) 原理图

(b) 实物图

图 2-24　偏振扫描仪示意图

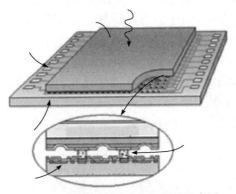

图 2-25　碲镉汞集成偏振探测器示意图

2020 年，日本富士胶片公司基于分孔径型原理制作了一个九波段多光谱相机系统的原型，覆盖了从可见光到近红外的区域，非常紧凑，如图 2-26 所示。通过实验对相机的光谱性能进行了评价。这种相机基于图像传感器，不需要复杂的光学成像系统，仅需要最小的机械、电气或光学部件。因此，原型相机系统的设备尺寸紧凑，便携性强，使其易于在室外使用；同时，彩色偏振相机机身是大批量生产和商用的，这使得相机系统的建设比传统的多光谱相机便宜。

图 2-26 多光谱相机原型的头部

2020 年，纽约城市大学从水面高光谱偏振成像和多角度偏振数据反演水体，该成像仪能提供高光谱偏振多角度测量水面辐射的能力，如图 2-27 所示。计算机控制的滤光轮安装在成像仪前，用于记录海洋表面的时域 Stokes 矢量图像。分析 20°～60°视角像素的可变性和水上线偏振总量。结果表明，随着观测角度增大，水面线偏振度(DoLP)有明显的增加，这是由于来自水体的光团和来自海洋表面的反射光较大。对测量结果进行了多角度反演，并与传统非偏振法获得的吸收系数和后散射系数等参数进行了对比，得到了光束衰减系数和吸收系数的比值。

EUMESAT 在 POLDER 探测器的基础上研制 3MI(multi-viewing,multi-channel,multi-polarization imager)仪器[51,52]。3MI 设计有 9 个偏振通道和 5 个非偏通道，偏振测量是通过偏振片旋转角度为−60°、0°和 60°实现，同时对于同一目标可获取 10～14 个角度的观测数据。它将有效载荷搭载在第二代欧洲偏振气象卫星上，该卫星计划于 2020～2030 年发射。

2020 年，北京空间机电研究所针对传统光谱偏振成像技术需要动态调制、光通量低、光谱分辨率有限和解算复杂等问题，提出了一种基于光纤传像束和像元级偏振探测器的成像新模式，将光纤成像光谱技术和像元级偏振信息快速提取技术结合，以快照式方式同步获取目标的二维空间信息、一维光谱信息和 4 个角度的偏振信息。结合系统模型，搭建了实验装置，获取了 430～630nm(光谱分辨率约 1nm)的 200 个谱段 4 个角度的光谱偏振图像，以及每个谱段的偏振度和偏振角，系统原理图如图 2-28 所示。

图 2-27　水面成像偏振器

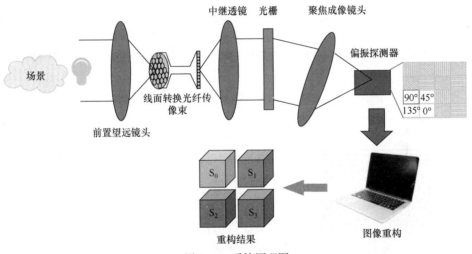

图 2-28　系统原理图

2021 年，昆明物理研究所联合西北工业大学采用倒装互连的方式实现了中波 256×256 碲镉汞红外偏振探测器的集成，并对偏振片的设计及制备工艺上开展了相关的研究，制备的中波 256×256 碲镉汞集成偏振探测器的偏振对比度值为 7.5 左右。

2021 年，安徽光学精密机械研究所在多角度偏振成像仪(DPC)面阵探测器非均匀性校正方法研究领域取得新进展，针对 DPC 探测器非均匀性特点，提出多参量的非均匀性校正方法，实现探测器响应非均匀性多参量校正，校正后的探测器响应亦呈现出良好线性。验证结果表明，多参量的非均匀性校正方法消除了像面低频不均衡响应差异和邻域高频响应差异，探测器非均匀性噪声、帧转移效应、暗电流、温度漂移影响均得到校正，校正后的单帧数据主要噪声表现为散粒噪声。95%满阱单帧数据的像元响应不一致性由 2.86%降至 0.36%，满足多角度探测的需求。

2.4　本章小结

　　本章介绍了偏振成像探测技术及系统基本概念与分类，总结了偏振成像探测技术的优势，回顾了偏振成像探测技术发展历程，并对国内外偏振成像技术进行了对比分析。偏振成像探测技术可有效解决传统光度学在目标探测和识别效果受环境制约较大的问题，与传统的光学探测技术相比，偏振成像探测技术在目标识别领域具有的独特优势和特殊应用。

第3章　典型偏振成像探测系统

偏振成像探测技术具有独特优势和重要应用价值，美国、法国、以色列、中国等多个国家的科学家和研究人员开展了系统的仪器化研究。目前，偏振成像技术已经应用于工程，且市场上存在多种商业化偏振成像仪器。本章将介绍几种典型偏振成像系统，包括它们的工作原理、结构、特点和适合的应用领域。

3.1　分时型偏振成像探测系统

3.1.1　偏光元件型偏振成像探测系统

基于波片和偏振片的偏振成像探测系统是目前最常用的分时偏振探测系统。全偏振型分时偏振探测系统的偏振调制器由一个旋转线偏振片和一个 1/4 波片构成，这是一种结构最为简单的偏振调制器。由于波片的相位延迟量与入射光波长相关，一般情况下入射光应为单一波长且其波长需与 1/4 波片的中心波长相匹配。在上述条件下，目标光经 1/4 波片后通过线偏振片由 CCD 相机接收。当波片的相位延迟量为 1/4 周期时，偏振调制器的 Mueller 矩阵 $\boldsymbol{M}$ 可表示为

$$\boldsymbol{M} = \boldsymbol{M}_P \boldsymbol{M}_R \tag{3.1}$$

式中，$\boldsymbol{M}_P$ 为线偏振的 Mueller 矩阵，$\boldsymbol{M}_R$ 为波片的 Mueller 矩阵。通过旋转偏振片和 1/4 波片，可使入射光的 Stokes 参量实现全相位调制，进而反解出物体的 Mueller 矩阵。图 3-1 所示为一种主动式照明的分时偏振成像系统。

系统中，目标反射光经过偏振分析器(PSA)进行调制后由光电探测器采集图像信息。其偏振分析器(PSA)由 1/4 波片及线偏振片组成。1/4 波片和线偏振片角度可以旋转。在时序偏振成像系统中，一般使用 1/4 波片，其相位延迟量为 0.5π，设波片快轴与为 x 轴夹角为 θ_1，此时该波片的 Mueller 矩阵 $\boldsymbol{M}_R(\theta_1)$ 为

$$\boldsymbol{M}_R(\theta_1) = \begin{bmatrix} 1 & 0 & 0 & 0 \\ 0 & \cos^2 2\theta_1 & \sin 2\theta_1 \cos 2\theta_1 & -\sin 2\theta_1 \\ 0 & \sin 2\theta_1 \cos 2\theta_1 & \sin^2 2\theta_1 & \cos 2\theta_1 \\ 0 & \sin 2\theta_1 & -\cos 2\theta_1 & 0 \end{bmatrix} \tag{3.2}$$

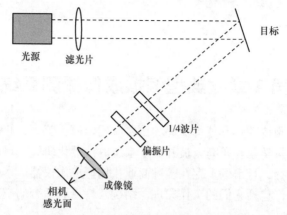

图 3-1　一种主动式照明的分时偏振成像系统

设目标 Stokes 矢量为 S，出射光的 Stokes 矢量为 S_{out}，根据 Mueller 矩阵性质，经过 1/4 波片及偏振片后的二者关系如下：

$$S' = M_P M_R S \tag{3.3}$$

Stokes 参量中 S_0 表示光强值，探测器获得的出射光强为

$$I(\theta_1, \theta_2) = S_0' = \frac{1}{2}[1 \quad \cos 2\theta_2 \quad \sin 2\theta_2 \quad 0] M_R \begin{bmatrix} S_0 \\ S_1 \\ S_2 \\ S_3 \end{bmatrix} \tag{3.4}$$

四个光强图像可以通过如下旋转 1/4 波片和偏振片实现：

$I(0°,0°)$：1/4 波片的快轴与 x 轴重合，且线偏振片偏振方向与 x 轴重合；

$I(0°,90°)$：1/4 波片的快轴与 x 轴重合，且线偏振片偏振方向与 x 轴夹角为 90°；

$I(0°,45°)$：1/4 波片的快轴与 x 轴重合，且线偏振片偏振方向与 x 轴夹角为 45°；

$I(45°,45°)$：1/4 波片的快轴与 x 轴夹角为 45°，且线偏振片偏振方向与 x 轴夹角为 45°。

当 1/4 波片的快轴与 x 轴重合时，波片的 Mueller 矩阵为

$$M_R(0°) = \begin{bmatrix} 1 & 0 & 0 & 0 \\ 0 & 1 & 0 & 0 \\ 0 & 0 & 0 & -1 \\ 0 & 0 & -1 & 0 \end{bmatrix} \tag{3.5}$$

代入式(3.4)得

$$I(0°, \theta_2) = \frac{1}{2}(S_0 + S_1 \cos 2\theta_2 + S_3 \sin \theta_2) \tag{3.6}$$

1/4 波片的快轴与 x 轴夹角为 45°时，波片的 Mueller 矩阵为

$$\boldsymbol{M}_R(0°) = \begin{bmatrix} 1 & 0 & 0 & 0 \\ 0 & 0 & 0 & 1 \\ 0 & 0 & 1 & 0 \\ 0 & 1 & 0 & 0 \end{bmatrix} \tag{3.7}$$

代入式(3.4)得

$$I(45°, \theta_2) = \frac{1}{2}(S_0 + S_2 \sin \theta_2 + S_3 \cos \theta_2) \tag{3.8}$$

于是有

$$
\begin{aligned}
I(0°, 0°) &= \frac{1}{2}(S_0 + S_1) \\
I(0°, 90°) &= \frac{1}{2}(S_0 + S_1) \\
I(0°, 45°) &= \frac{1}{2}(S_0 + S_3) \\
I(45°, 45°) &= \frac{1}{2}(S_0 + S_2)
\end{aligned} \tag{3.9}
$$

进而解得待测目标的 Stokes 矢量

$$\boldsymbol{S} = \begin{bmatrix} S_0 \\ S_1 \\ S_2 \\ S_3 \end{bmatrix} = \begin{bmatrix} I(0°, 0°) + I(0°, 90°) \\ I(0°, 0°) - I(0°, 90°) \\ 2I(45°, 45°) - I(0°, 0°) - I(0°, 90°) \\ 2I(0°, 45°) - I(0°, 0°) - I(0°, 90°) \end{bmatrix} \tag{3.10}$$

其中，$\boldsymbol{S}$ 是最终需要获取的目标的 Stokes 矢量图像。在此基础上，进一步计算可得到目标的偏振度(degree of polarization，DoP)图像、偏振角(angel of polarization，AoP)图像。

光线经过介质反射或透射后，其偏振状态会受到介质的影响而发生变化。为了描述不同介质对光偏振状态的影响，需要测量其 Mueller 矩阵——一个 4×4 的实数矩阵。基于波片和偏振片的偏振成像系统，在系统中加入偏振发生器(PSG)，还可实现 Mueller 矩阵成像。图 3-2 为 Mueller 矩阵测试系统结构示意图。

式(3.11)中，$\boldsymbol{S}$ 为光源发出的光束经过 PSG 后的 Stokes 矢量，$\boldsymbol{M}$ 为待测物体的 Mueller 矩阵，$\boldsymbol{M}_{\text{SPA}}$ 为 PSA 的 Mueller 矩阵，$\boldsymbol{S}'$ 为经过 PSA 后光场的 Stokes 矢量，也就是探测器测量的偏振光束，它可以表示为

$$\begin{pmatrix} S_0'' \\ S_1'' \\ S_2'' \\ S_3'' \end{pmatrix} = \boldsymbol{M}_{\mathrm{PSA}} \boldsymbol{M} \boldsymbol{S} = \boldsymbol{M}_{\mathrm{PSA}} \begin{pmatrix} m_{11} & m_{12} & m_{13} & m_{14} \\ m_{21} & m_{22} & m_{23} & m_{24} \\ m_{31} & m_{32} & m_{33} & m_{34} \\ m_{41} & m_{42} & m_{43} & m_{44} \end{pmatrix} \begin{pmatrix} S_0 \\ S_1 \\ S_2 \\ S_3 \end{pmatrix} \tag{3.11}$$

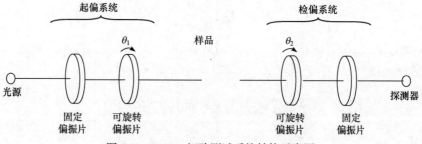

图 3-2　Mueller 矩阵测试系统结构示意图

把 PSA 当做理想的偏振器件,认为其对光强没有吸收,则由该系统测量得到的光强为

$$\boldsymbol{I} = \frac{1}{2} \boldsymbol{T}^{\mathrm{T}} \boldsymbol{M} \boldsymbol{S} = \frac{1}{2} (1 \quad t_1 \quad t_2 \quad t_3) \begin{bmatrix} m_{11} & m_{12} & m_{13} & m_{14} \\ m_{21} & m_{22} & m_{23} & m_{24} \\ m_{31} & m_{32} & m_{33} & m_{34} \\ m_{41} & m_{42} & m_{43} & m_{44} \end{bmatrix} \begin{bmatrix} S_0 \\ S_1 \\ S_2 \\ S_3 \end{bmatrix} \tag{3.12}$$

其中,$\boldsymbol{I}$ 为探测器测量得到的光强,$\boldsymbol{T}$ 为 PSA 的本征矢量。

$$\boldsymbol{T} = (1 \quad t_1 \quad t_2 \quad t_3)^{\mathrm{T}} \tag{3.13}$$

理想 PSA 的测量矩阵 $\boldsymbol{W}$ 为

$$\boldsymbol{W} = \frac{1}{2} \begin{bmatrix} 1 & t_{11} & t_{12} & t_{13} \\ 1 & t_{21} & t_{22} & t_{23} \\ \vdots & \vdots & \vdots & \vdots \\ 1 & t_{N1} & t_{N2} & t_{N3} \end{bmatrix} \tag{3.14}$$

它描述了进入 PSA 的偏振光和出射的光强 $\boldsymbol{I}$ 之间的关系。

$$\boldsymbol{I} = \frac{1}{2} \begin{bmatrix} 1 & t_{11} & t_{12} & t_{13} \\ 1 & t_{21} & t_{22} & t_{23} \\ \vdots & \vdots & \vdots & \vdots \\ 1 & t_{N1} & t_{N2} & t_{N3} \end{bmatrix} \begin{bmatrix} S_0' \\ S_1' \\ S_2' \\ S_3' \end{bmatrix} = \boldsymbol{W} \boldsymbol{S}' \tag{3.15}$$

图 3-3 为基于旋转波片和偏振片的分时 Mueller 矩阵偏振成像系统。调整一次 PSG 和 PSA 状态,探测器可测得一个光强值。测量 Mueller 矩阵至少需要 16 组

入射 Stokes 矢量、PSA 本征矢量和对应光强，得到 16 个方程，求解该方程组即可得到待测目标的 Mueller 矩阵，实现待测目标 Mueller 矩阵成像。

图 3-3　基于旋转波片和偏振片的分时 Mueller 矩阵偏振成像系统

这种仅由偏振片和波片组成的分时偏振成像系统采用同心光学系统，其中偏振元件对成像的影响可视作平板玻璃，因此与非偏振成像系统相比，具有结构简单、易于搭建、成本较低等优势。但是，由于需要在不同时刻控制偏振分析装置对入射光束进行调制进而采集多幅偏振图像，并且在获取图像的过程中需要调节偏振片和波片，这就导致响应时间较长，因而只适用于静态或准静态场景成像，无法实现运动目标成像。

3.1.2　基于液晶可变相位延迟器的偏振成像系统

液晶型偏振成像系统基于液晶器件上电压的条件，实现对光相位延迟量的调节，从而最终实现对光偏振态的调节，具有比旋转偏光元件型偏振成像探测系统更快的调制速度。

液晶具有电偶极矩，通过改变液晶两端的电压可实现液晶分子光学轴指向的连续调节，从而实现延迟相位的连续可调，如图 3-4 所示。

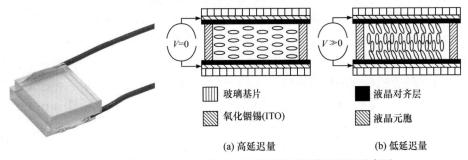

图 3-4　液晶盒实物及液晶材料对相位延迟量调节的原理示意图

　　液晶可变相位延迟器(liquid crystal variable retarder, LCVR)是液晶型偏振成像系统的核心元件，它通过电压控制液晶分子的折射率来实现对光的相位延迟。在LCVR 的制造过程中，两片平行平板玻璃中间填充液晶材料，并在玻璃片上镀上透明电极与校准层。当液晶两侧电压为零，液晶分子排列方向与玻璃板方向平行时，o 光与 e 光的折射率差最大。随着液晶层两端电压的增加，液晶分子开始旋转，o 光、e 光折射率差逐渐缩小，直到两者几乎相当。通过上述方式，便可基于对 o 光和 e 光折射率差异的条件，实现对相位延迟的调节[53-55]。

　　目前成熟商用的 LCVR 包括：超快铁电液晶偏振旋转器、超小型连续可调真零级宽带半波液晶延迟器、紫外液晶可变延迟器、中红外液晶可变延迟器、向列型液晶可变相位延迟器等。图 3-5 为两种典型 LCVR 实物图。

(a) 向列型LCVR　　　　　　　　　　　　　　　　(b) 中红外LCVR

图 3-5　典型 LCVR 实物图

　　值得注意的是，普通 LCVR 无法将相位延迟量减小至零。对于一些有零延迟或极微小延迟量需要的实际应用,商用产品通过给晶胞添加负延迟聚合物补偿剂，制作补偿型液晶相位延迟器，实现零相位延迟。此外，LCVR 还存在一个重要的特性，即LCVR 的工作性能受温度影响，整体延迟随温度升高而降低(约−0.4%/℃)。因此，商用产品往往还提供温度控制选项，以确保偏振信息获取的准确性。温度敏感性也一定程度上限制了液晶型偏振成像系统的实际应用。

　　响应时间是影响 LCVR 性能及应用的另一个主要因素。它取决于诸多参数，包括液晶层厚、黏度、温度、驱动电压变化和表面处理工艺等。具体来说，液晶响应时间与层厚的平方成正比，因此与总延迟的平方成正比。响应时间也取决于延迟变化的方向。如果延迟增加，反应时间完全由液晶分子的机械弛豫决定。如果延迟值减小，由于液晶层上的电场增加，响应时间会大幅降低。图 3-6 所示为商用的向列型 LCVR 的响应时间曲线。

　　从 1/2 到 0 波长(低到高电压)转换大约需要 0.31ms，从 0 到 1/2 波长(高到低电压)转换大约需要 10.2ms。总体来说，LCVR 对于偏振态调制的响应时间较短，在毫秒至亚毫秒量级。因此液晶型偏振成像作为分时型偏振成像系统，利用附加电压驱动液晶波片改变其相位延迟来替代机械旋转偏振元件，其突出优势是响应时间短，一定程度上改善了分时成像设备的时效性。

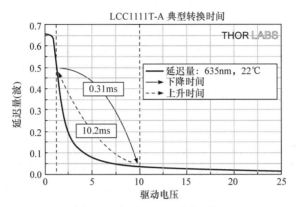

图 3-6　商用 LCVR 响应时间

基于 LCVR 的偏振成像系统的偏振调制器由两个电控液晶延迟器和一个固定透偏方向的线偏振片构成，线偏振片保持水平透振方向不变，第一个靠近线偏振片的 LCVR 快轴方向与偏振片透振方向夹角 45°，第二个远离线偏振片的 LCVR 快轴方向与偏振片透振方向平行。LCVR 根据位置和功能的不同，可分为偏振产生器(PSG)和偏振分析器(PSA)，并且 PSA 的结构与 PSG 的结构对称。以 PSA 为例，其结构示意图如图 3-7 所示。

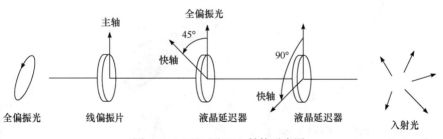

图 3-7　LCVR 型 PSA 结构示意图

入射光正入射进入远离偏振片的液晶延迟器，而后通过靠近偏振片的液晶延迟器，最终经过线偏振片调制后被 CCD 相机接收。在上述情况下，设偏振片的 Mueller 矩阵为 M_P，靠近偏振片的液晶延迟器的 Mueller 矩阵为 M_{R1}，远离偏振片的液晶延迟器的 Mueller 矩阵为 M_{R2}；偏振片快轴方向与水平方向夹角 $\theta_P = 0°$；靠近偏振片的液晶延迟器快轴方向与水平方向夹角 $\theta_{P1} = 45°$；远离偏振片的液晶延迟器快轴方向夹角与水平方向夹角 $\theta_{P2} = 0°$；假设入射光的偏振状态由 Stokes

矢量 $\boldsymbol{S}_{\text{in}}$ 表示，则此时该种偏振调制后的出射光的偏振态 $\boldsymbol{S}_{\text{out}}$ 为

$$\boldsymbol{S}_{\text{out}} = \boldsymbol{M}_{R2}(\delta_2, 2\theta_2)\boldsymbol{M}_{R1}(\delta_1, 2\theta_1)\boldsymbol{M}_P(\theta_p)\boldsymbol{S}_{\text{in}} \tag{3.16}$$

其中，δ_i 和 $2\theta_i (i \in \{1,2\})$ 分别表示可变延迟器对应的方向夹角和延迟量，满足

$$\boldsymbol{M}_R(\delta, 2\theta) = \begin{pmatrix} 1 & 0 & 0 & 0 \\ 0 & \cos^2 2\theta + \cos\delta\sin^2 2\theta & (1-\cos\delta)\sin 2\theta\cos 2\theta & -\sin\delta\sin 2\theta \\ 0 & (1-\cos\delta)\sin 2\theta\cos 2\theta & \sin^2 2\theta + \cos\delta\cos^2 2\theta & \sin\delta\cos 2\theta \\ 0 & \sin\delta\sin 2\theta & -\sin\delta\cos 2\theta & \cos\phi \end{pmatrix}$$

$$\tag{3.17}$$

　　通过调节加在两个液晶延迟器上的电压可以控制液晶延迟器的相位延迟量，进而控制偏振调制器的 Mueller 矩阵。与旋转波片相同，在同一电压下，液晶延迟器的相位延迟量也与入射光波长相关，因此确定液晶延迟器的波长与延迟量关系曲线对于计算偏振调制器的 Mueller 矩阵各分量值极其重要。但与传统的旋转波片不同的是，LCVR 往往方向角固定，通过改变延迟量可以实现不同调制的切换。有学者验证了，图 3-7 中的基于 LCVR 的配置，即两个 LCVR 角度相差 45°时可以生成/分析任意偏振态的光[56-58]。

　　在图 3-7 所示的基本结构的基础上，天津大学提出一种基于 LCVR 的宽带 Stokes 偏振成像系统，其结构示意图如图 3-8 所示。该系统采用两个商用电控 LCVR，利用 LCVR 的快速、全偏振扫描特性实现了在白光照明下的偏振成像对比度优化[56]。

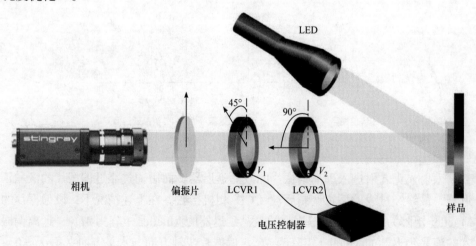

图 3-8　一种基于液晶可调相位延长器的偏振成像系统

该成像系统中，待测样品的反射光从右向左依次通过快轴方向与液晶可变相

位延迟器(LCVR)、偏振片，最后出射光由 CCD 接收成像，并由计算机加以处理。为了实现对待测样品的快速成像，我们将偏振片的偏振方向固定为 45°，其 Mueller 矩阵为

$$M_P(45°) = \frac{1}{2}\begin{bmatrix} 1 & 0 & 1 & 0 \\ 0 & 0 & 0 & 0 \\ 1 & 0 & 1 & 0 \\ 0 & 0 & 0 & 0 \end{bmatrix} \qquad (3.18)$$

另外，我们将液晶可变相位延迟器的快轴方向调整为与 x 轴重合，可变的相位延迟量用 ϕ 表示，则该液晶可变相位延迟器的 Mueller 矩阵 $M_{LCVR}(\phi)$ 为

$$M_R(\phi,0°) = \begin{bmatrix} 1 & 0 & 0 & 0 \\ 0 & 1 & 0 & 0 \\ 0 & 0 & \cos\phi & \sin\phi \\ 0 & 0 & -\sin\phi & \cos\phi \end{bmatrix} \qquad (3.19)$$

设入射光的 Stokes 矢量为 S，因此可以推导得到输出的 Stokes 矢量 S_{out} 如下式所示：

$$S_{out} = M_P(45°)M_R(\phi,0°)S = \frac{1}{2}\begin{bmatrix} S_0 + S_2\cos\phi + S_3\sin\phi \\ 0 \\ S_0 + S_2\cos\phi + S_3\sin\phi \\ 0 \end{bmatrix} \qquad (3.20)$$

由于 CCD 探测器探测到的光强 I_{out} 是总光强，即为出射光 Stokes 矢量的第一个分量 S_0，可得到如下关系：

$$I_{out} = \frac{1}{2}(S_0 + S_2\cos\phi + S_3\sin\phi) \qquad (3.21)$$

因此可以通过多次改变液晶相位可变延迟器的相位延迟量 ϕ 在 CCD 探测器上测得输出光的光强 I_{out}，得到入射 Stokes 矢量中的 S_0、S_2、S_3 三个分量。对于完全偏振光，还可解得 S_1，进而实现全 Stokes 成像。然而对于非完全偏振光，Stokes 参数之间并没有确定的定量关系，因此本系统只能用来对完全偏振光实现全 Stokes 成像，或者对部分偏振光实现部分 Stokes 成像。

我们通过一个具体的示例来求解目标 Stokes 矢量。例如，当改变液晶相位延迟量 ϕ 为 0°、45°、90° 可以得到三幅不同的光强图，分别记为 $I_{out}(0°)$、$I_{out}(45°)$、$I_{out}(90°)$。根据式(3.21)可以得到：

$$I_{\text{out}}(0°)=\frac{1}{2}(S_0+S_2)$$

$$I_{\text{out}}(45°)=\frac{1}{2}\left(S_0+\frac{\sqrt{2}}{2}S_2+\frac{\sqrt{2}}{2}S_3\right)\qquad(3.22)$$

$$I_{\text{out}}(90°)=\frac{1}{2}(S_0+S_3)$$

对于非完全偏振光，可以通过以上各式解得

$$\begin{bmatrix}S_0\\S_2\\S_3\end{bmatrix}=\begin{bmatrix}(\sqrt{2}+1)(\sqrt{2}I_{\text{out}}(0°)+\sqrt{2}I_{\text{out}}(90°)-2I_{\text{out}}(45°))\\S_2=2I_{\text{out}}(0°)-S_0\\S_3=2I_{\text{out}}(90°)-S_0\end{bmatrix}\qquad(3.23)$$

从而实现由 S_0、S_2 和 S_3 组成的部分 Stokes 成像。

　　一般来说，典型的液晶相位调制器拥有高达 1kHz 的响应频率，而且相位延迟量精密可控，再配合能够快速成像的高速 CCD 相机，理论上是可以实现系统的快速调制，甚至可以用于目标快速运动的成像环境中，实现对于非完全偏振光的由 S_0、S_2 和 S_3 组成的部分 Stokes 成像或者对于完全偏振光的由 S_0、S_1、S_2 和 S_3 组成的全 Stokes 成像。

　　除此之外，如果电机改变偏振片方向，可以在损失采集速度的情况下实现全 Stokes 矢量的调制，其 Stokes 矢量的求解方式与基于偏振片的偏振成像系统求解方式类似，这里不再赘述。

　　图 3-8 中的偏振成像装置通过调节光学探测臂的偏振分析器(PSA)，至少采集 4 张光强图即可实现 Stokes 矢量的测量和成像[57]。

　　如果在光学接收臂增添与 PSG 对称的偏振调制装置，对入射光进行全偏振态调制，可实现 Mueller 矩阵的测量和成像。图 3-9 是 Goudail 等提出的一种基于液

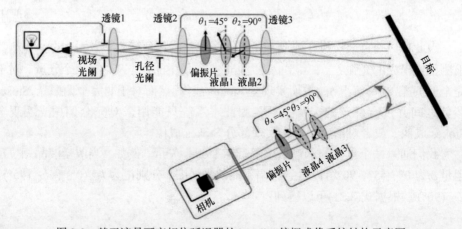

图 3-9　基于液晶可变相位延迟器的 Mueller 偏振成像系统结构示意图

晶可变相位延迟器的 Mueller 偏振成像系统结构示意图,其中 PSG 和 PSA 为由液晶延迟器+波片组成的偏振调制器。由于 LCVR 中的液晶单元在入射角较大时偏振调制的径向分布不均匀,系统通过光学透镜组和视场光阑进行光束控制。通过调整 PSG 和 PSA 的各种偏振状态,至少采集 16 张光学图像即可实现对目标场景 Mueller 矩阵的测量和成像。

这种 LCVR 型分时成像系统,采用 LCVR 替代手动机械调节,具有精度较高、调节响应时间极短的优点。但由于 LCVR 的延迟量受多种环境因素的干扰(温度等),对环境要求较高。图 3-10 所示是一种基于 LCVR 的分时偏振成像系统实物图。

图 3-10　基于 LCVR 的分时偏振成像系统实物图

可以看出该系统结构紧凑,可实现小型化封装,具有高速响应(响应时间小于 10ms)、控制精确(偏振旋转角误差±2°),偏振态产生的最大方位角和椭偏度误差仅 2.25°等优点,可实现对待测样品的精准、快速成像。

3.2　同时型偏振成像探测系统

3.2.1　分振幅偏振成像探测系统

1976 年,Garlick 等[59]利用分光镜组成双通道系统,通过获取目标双幅垂直偏振的图像,相减得到偏振差分图像。90 年代以后,分振幅偏振成像仪逐渐发展成为全 Stokes 偏振成像仪。

分振幅偏振成像探测系统是利用了光学器件的透射、反射和分束的性质,将一束光分成多个通道形成多个不同成像系统,并在各个通道中放入偏振调制器件进行调制,最后通过几个光电探测器对同时获取到同一目标场景中的多幅图像进行探测。图 3-11 是一种典型的分振幅偏振成像系统的结构图。

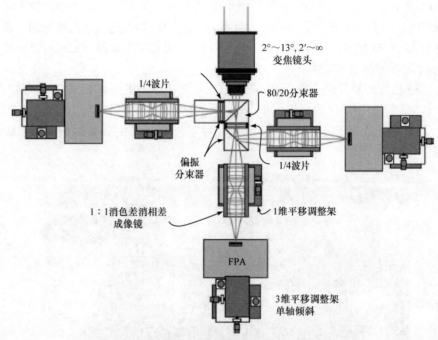

图 3-11　典型分振幅偏振成像探测系统结构示意图

此系统主要分为偏振成像部分和系统采集部分，包括一个分束镜、两个偏振分束镜、四个透镜组以及四个成像探测器组成，可以根据系统的需求在四个成像探测器前加入四组偏振分析装置。从目标发射的光经分束镜分成两束：其中一束先经过快轴方向与 x 轴成 45°的 1/4 波片后，再经过偏振分束镜、成像透镜后在像面上得到两个偏振分量的强度图 I_1 和 I_2；另一束光经过快轴方向与 x 轴成 11.25°的 1/2 波片，再经过偏振分束镜、成像透镜后在像面上得到另外两个偏振分量的强度图 I_3 和 I_4。根据式(3.17)，代入各参数可得到四幅光强图与入射 Stokes 矢量组成的矩阵方程：

$$
\begin{bmatrix} I_1 \\ I_2 \\ I_3 \\ I_4 \end{bmatrix} =
\begin{bmatrix}
\dfrac{1}{4} & 0 & 0 & \dfrac{1}{4} \\[2mm]
\dfrac{1}{4} & 0 & 0 & -\dfrac{1}{4} \\[2mm]
\dfrac{1}{4} & \dfrac{\sqrt{2}}{8} & \dfrac{\sqrt{2}}{8} & 0 \\[2mm]
\dfrac{1}{4} & -\dfrac{\sqrt{2}}{8} & \dfrac{\sqrt{2}}{8} & 0
\end{bmatrix}
\begin{bmatrix} S_0 \\ S_1 \\ S_2 \\ S_3 \end{bmatrix}
\tag{3.24}
$$

其中，I_1、I_2、I_3、I_4 为不同位置的四个成像透镜依次采集到的四幅图像，是可以直接测得的量。S_0、S_1、S_2、S_3 是我们最终需要获取的目标的 Stokes 矢量图像。由于强度图 I_1、I_2、I_3、I_4 是由 CCD 探测器直接得到的，因此可以通过解矩阵方程得到光束的 Stokes 矢量，如下所示：

$$\begin{bmatrix} S_0 \\ S_1 \\ S_2 \\ S_3 \end{bmatrix} = \begin{bmatrix} 2 & 2 & 0 & 0 \\ 0 & 0 & 2\sqrt{2} & -2\sqrt{2} \\ -2\sqrt{2} & -2\sqrt{2} & 2\sqrt{2} & 2\sqrt{2} \\ 2 & -2 & 0 & 0 \end{bmatrix} \begin{bmatrix} I_1 \\ I_2 \\ I_3 \\ I_4 \end{bmatrix} \tag{3.25}$$

$$\begin{bmatrix} S_0 \\ S_1 \\ S_2 \\ S_3 \end{bmatrix} = \begin{bmatrix} 2(I_1 + I_2) \\ 2\sqrt{2}(I_3 - I_4) \\ 2\sqrt{2}(I_3 + I_4 - I_1 - I_2) \\ 2(I_1 - I_2) \end{bmatrix} \tag{3.26}$$

分振幅偏振测量仪系统中不存在可转动的部件，并且能够同时并实时地测量出光波的 Stokes 矢量中四个参量。分振幅偏振成像系统现已基本成熟，并且发展成为 Stokes 矢量测量仪。分振幅偏振成像系统能够对相同环境中的同一目标进行成像和测量，该系统成像的成像透镜是同轴结构，具有可同时成像、系统简单、数据处理简单、可实时成像和测量精度较高等优势。不过偏振成像系统需要分成多个通道，分成多个子光学系统，采用多个 CCD 记录多幅偏振强度图像，并且系统体积较大，不同通道的光学系统成像特性并不完全一致，存在包括像质差异在内的各种成像误差。总体而言，此偏振成像系统具有探测速度快、精度高等优势，使得此系统广泛应用于偏振成像领域，并且其应用前景十分广泛。

3.2.2　分孔径偏振成像探测系统

分孔径偏振成像系统是指采用孔径分割的方法将整个系统分成多个子孔径系统，每个子孔径系统分别采用不同的偏振元件，使每个子系统获取不同偏振状态的强度图像的成像系统。分孔径偏振成像系统是一种能够通过单次曝光就可以采集到目标的多幅偏振状态图像的多路子光学系统。

分孔径偏振成像系统是由物镜、中继成像系统以及各种分孔径偏振元件组成，其工作原理为：在分孔径偏振成像装置中前置物镜的孔径处，将 4 个成像透镜组放置到偏离系统光轴位置，使其由单个光学通道变成 4 个光学通道。使用者可以在 4 个不同的光学成像通道上加入不同的偏振调制器件进行光束的调制，然后通过中继透镜组和成像探测器(如 CCD)采集到不同孔径系统中的偏振图像，再利用计算机处理获取 Stokes 分量图。4 个偏振通道共享一个前置物镜，通过合理布局各偏振通道及中继透镜位置，可将 4 个偏振通道的图像成像在同一个 CCD 探测器上，图 3-12 为其装置原理示意图。

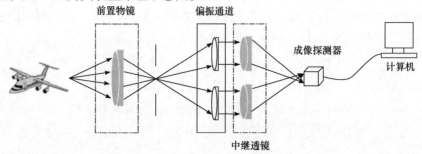

图 3-12　分孔径偏振成像系统原理示意图

分孔径镜筒为本偏振成像系统的关键部件，采用了高精度计算机数字控制机床以保证加工精度，结构见图 3-13。分孔径镜筒 4 个孔形成 4 个通道，每个通道包含一套偏振组件和一套中继透镜组。其中 3 个通道为线偏振通道，其偏振组件由补偿平板和线偏振片组成；剩下 1 个为圆偏振通道，其偏振组件由 1 个 1/4 波片和 1 个线偏振片组成；中继透镜由 3 片镜片组成，装置于分孔径成像组镜框内。

图 3-13　分孔径镜筒结构

分孔径组镜片与偏振元件装置在一个 4 孔的分孔径镜筒内，在分孔径偏振成像系统中，偏振通道分别由偏振片和 1/4 波片组成，其组合方式与基于波片和偏振片的分时偏振成像系统类似。

由于 $I(0°,0°)$、$I(0°,90°)$、$I(0°,45°)$、$I(45°,45°)$ 四幅图像本质上是位于同一个 CCD 探测器的不同区域，是同一幅"大图"，因此可以通过单次曝光就能够实现运动物体的偏振信息的采集，同时通过计算机对"大图"不同区域图像分割，可以很容易得到 $I(0°,0°)$、$I(0°,90°)$、$I(0°,45°)$、$I(45°,45°)$ 四幅偏振图像，就此得到待测目标的 Stokes 矢量

$$S = \begin{bmatrix} S_0 \\ S_1 \\ S_2 \\ S_3 \end{bmatrix} = \begin{bmatrix} I(0°,0°) + I(0°,90°) \\ I(0°,0°) - I(0°,90°) \\ 2I(45°,45°) - I(0°,0°) - I(0°,90°) \\ 2I(0°,45°) - I(0°,0°) - I(0°,90°) \end{bmatrix} \quad (3.27)$$

分孔径偏振成像系统可以通过仅单次曝光就能够检测出运动目标的各种偏振信息，此系统具有可实时成像、结构简单、精度较高等优点，并且系统中几个通道子系统共用同一个偏振探测器，与分振幅偏振成像系统(需要用多个偏振探测器)相比，不仅能够节省资源，而且还能够在相同的偏振探测器中选用共同的成像

参数，避免像质差异以及各种因为偏振探测器的参数不同而导致的误差，并且通过对偏振探测器的装调，可以实现高精度的测量。图 3-14 为一种分孔径偏振成像系统实验装置图。

图 3-14　分孔径偏振成像系统实验装置图

图中，①光源；②可调光阑；③平行光管；④滤光片；⑤线偏振片；⑥1/4 波片；⑦分孔径偏振成像样机

分孔径偏振成像系统的优点是：①结构简单、紧凑，稳定性较高；②可以通过仅单次曝光实现运动物体的偏振信息的探测；③使用方便，无须人为介入。为此成为偏振成像系统的重要发展方向。

但分孔径偏振成像系统也存在自身缺点：①相对于分时偏振成像系统来说，需要采用离轴或偏心系统，为设计和装调带来一定的困难；②由于采用多路子光学系统，并在不同通道中使用多个检偏器，偏振测量精度比分时偏振成像系统低；③多光路系统定标难度更大；④像面上像点之间配准误差会引入偏振测量误差。

3.2.3　分焦平面偏振成像探测系统

20 世纪 90 年代，David 提出偏振焦平面概念：直接将不同透光方向的微偏振片集成到焦平面上，使焦平面一个像元对应一个微偏振元件，形成偏振焦平面阵列，如图 3-15 所示。

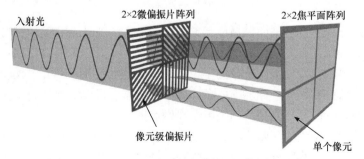

图 3-15　偏振焦平面阵列基本结构及工作原理示意图

分焦平面偏振像系统就是基于偏振焦平面阵列来测量入射光经过不同方向偏振片调制后的强度信息的偏振成像系统。其相机结构的设计和 CCD 传感器的 Bayer 彩色滤波阵列结构设计类似。

经典的 Bayer 彩色滤波阵列如图 3-16(a)所示，其每个 2×2 像素片都由两个绿色滤色片、一个蓝色滤色片和一个红色滤色片组成，可以一次曝光记录 RGB 三种颜色信息；同样，分焦平面偏振成像系统的微偏振片阵列如图 3-16(b)所示，其每个 2×2 像素片(称之为偏振超像素)由通过微纳加工技术制备的 0°、45°、90°、135°四个偏振方向的像素级微偏振片组成，单次曝光可以同时记录四个不同方向的偏振信息。

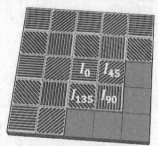

(a) 彩色成像探测器表面的 彩色滤波阵列

(b) 偏振成像探测器表面的 微偏振片阵列

图 3-16　彩色滤波阵列与微偏振片阵列

与基于波片和偏振片的偏振成像系统相比，分焦平面偏振成像探测系统在进行偏振图像采集的时候不需要移动部件，只使用一个摄像头就可以完成线性偏振数据的采集，可以实现系统的快速调制，显著提高成像效率，非常适合用于目标快速运动的成像环境中，同时降低了后续开发的工作量。但分焦平面偏振成像探测系统每个微偏振片仅记录一个偏振方向的信息，实际上是以牺牲空间分辨率的方式来提高成像效率；同时由于相邻像元瞬时视场不一致，还导致具有一个像元的配准误差。

微偏振阵列是分焦平面偏振成像的关键。在研究初期，由于制造工艺的限制，仅能将两种偏振方向不同的偏振片集成在一起，获得两个偏振分量图；随着电子束曝光、电感耦合等离子体反应离子束刻蚀等微纳加工技术和光电探测芯片的发展，目前结构更加紧凑、分辨率更高的偏振传感器已得以实现并商用化。图 3-17 为不同周期和特征尺寸光栅的扫描电子显微镜图。

分焦平面偏振成像探测器制备目前有两种技术途径，一种是在新的窗口基底上制备微偏阵列，然后将其与焦平面阵列配准贴合，其对配准贴合要求较高；另一种是直接在探测器像元表面制备亚波长金属光栅。由于探测器像元一般为微米尺度，而亚波长光栅为纳米到亚微米尺度，直接加工工艺成为分焦平面偏振成像探测器制备的主要手段，可以大大降低制备成本、削弱像元串扰、提高探测器集成度，更适合于工艺线大规模生产。分焦平面偏振成像探测器的制备示意图如图 3-18 所示。

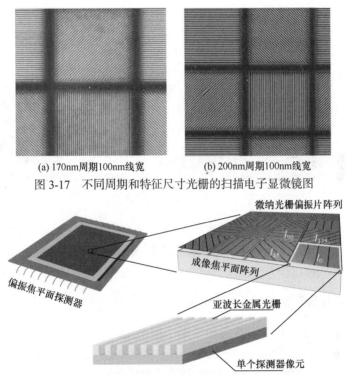

(a) 170nm周期100nm线宽　　　　(b) 200nm周期100nm线宽

图 3-17　不同周期和特征尺寸光栅的扫描电子显微镜图

图 3-18　分焦平面偏振成像探测器的制备示意图

3.3　干涉型偏振成像系统

前述介绍的分时与同时偏振成像，都是直接在焦平面上实现视景的偏振成像，可以直接提取原始偏振信息，因而我们称其为直接偏振成像。还存在另一类偏振成像，它利用分束器件将原光路分成多路，这几路被调制有不同的偏振信息，最后会聚于像面并相干，从而获取带有目标偏振信息的干涉图案，并利用计算机从干涉图中解算出 Stokes 矢量图。传统上将其称作通道调制型偏振成像，但我们认为这种称谓不能体现该类偏振成像光干涉成像的物理本质，为此，我们定义其为干涉偏振成像。

干涉偏振成像技术可以同时获得目标的 Stokes 参量信息的二维分布。通过分光调制模块可以将入射光分为不同的光束，并调制上不同的相位因子，当光束在焦平面阵列处发生干涉时，干涉条纹的空间频率将作为载波频率，赋予不同的Stokes 参量以不同的载波频率，因此不同的 Stokes 参量将在频域上处于不同通道内，经过切趾和图像复原，就可以得到目标各个 Stokes 参量的二维空间分布信息。干涉偏振成像系统结构紧凑(如图 3-19 所示)、成本低、制作简单、空间分辨率适中，因而成为研究的热点。

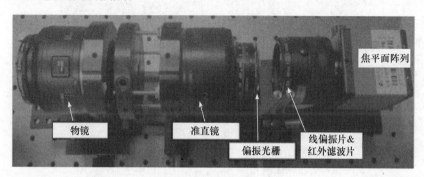

图 3-19　干涉偏振成像仪

当前研究较多的干涉型偏振成像系统主要有双折射棱镜型干涉偏振成像系统、萨瓦板平板型干涉偏振成像系统、偏振光栅型干涉偏振成像系统、Sagnac 型干涉偏振成像系统。

3.3.1　双折射棱镜型干涉偏振成像仪

2003 年日本学者 Oka 首次提出了基于楔形棱镜的干涉偏振探测系统，该装置的主要结构如图 3-20 所示，包括成像透镜、四块楔形双折射棱镜和偏振片。它将原光束分为四路在像平面干涉，再利用傅里叶分析方法从干涉图中计算出相应偏振图像的 Stokes 矢量，实现了目标单色光偏振态的二维空间分布获取。

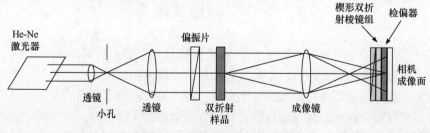

图 3-20　棱镜型干涉偏振成像仪

四个双折射棱镜干涉法结构示意图如图 3-21 所示。其中 PR1、PR2、PR3 及PR4 为双折射棱镜。箭头表示组成该棱镜的双折射晶体的光轴方向。四个双折射棱镜将入射光线分成四路，经过偏振片后在像平面相干涉形成干涉图像。

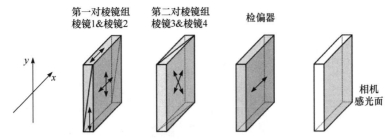

图 3-21　四个双折射棱镜干涉法结构示意图

光强和 Stokes 矢量的关系式为

$$I(x,y) = \frac{1}{2}S_0(x,y) + \frac{1}{2}S_1(x,y)\cos(2\pi Ux)$$

$$+ \frac{1}{4}S_{23}(x,y)\{\cos[2\pi U(x-y)] + \arg[S_{23}(x,y)]\} \qquad (3.28)$$

$$- \frac{1}{4}S_{23}(x,y)\{\cos[2\pi U(x+y)] - \arg[S_{23}(x,y)]\}$$

其中，$S_{23}(x,y) = S_2(x,y) + \mathrm{i}S_3(x,y)$，$U = \dfrac{2B}{\lambda}\tan\alpha$，$B$ 和 λ 分别表示棱镜的双折射率和入射光波长。各 Stokes 分量的频谱图可以从干涉图的频谱图中得到，得到其频谱图后，再进行反傅里叶变换即得 Stokes 矢量。

Oka 课题组提出棱镜型干涉偏振成像方案后，2007 年申请了相关专利，2008年研制了结构紧凑的微型偏振成像仪。棱镜型干涉偏振成像系统的优点是：结构紧凑、能量利用率较高、同轴透镜成像。该系统缺点是：其一，四路光线在像平面不完全重合会引入额外的偏振测量误差；其二，由于干涉图对波长敏感，当该系统用于复色光或宽波段等情形时，不同波长之间的干涉图会相互串扰，从而引入较大的偏振误差；其三，该系统复杂的傅里叶频谱分析法的数据计算量较大。

3.3.2　萨瓦板平板型干涉偏振成像仪

为了解决楔形棱镜的不易装配问题，2006 年 Oka 提出了基于两块薄厚不同的萨瓦板的快照式干涉偏振成像方案，系统由两个萨瓦板平板、一个半波片和若干透镜组成，其结构如图 3-22 所示。该系统采用两个萨瓦板平板替代双折射棱镜，光束通过萨瓦板平板和半波片后分成偏振方向不同的四束，经过透镜会聚到像平面，从而获得干涉图，从干涉图中利用傅里叶分析方法提取出各偏振分量图。

由原理图可以看出，来自目标物体的入射光在经过滤光片后变为准单色光，将其在 x 方向上的振幅记为 E_x，在 y 方向上的振幅记为 E_y。在被萨瓦板偏光器 SP_1 横向剪切为偏振方向沿水平方向的 oe 光和偏振方向沿竖直方向的 eo 光，其中

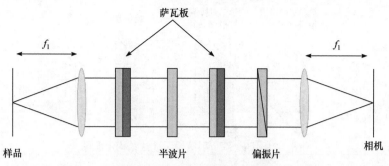

图 3-22 萨瓦板平板型干涉偏振成像仪结构示意图

oe 光的振动方向沿水平方向，振幅为 $E_{10} = E_x$，eo 光的振动方向沿竖直方向，振幅为 $E_{20} = E_y$，二者存在大小为 $\sqrt{2}\Delta$ 的横向剪切量。经过半波片的作用后，oe 光和 eo 光的振动方向发生旋转，分别与 x 轴正方向成±45°，从而可以保证二者能够再次被萨瓦板偏光器 SP$_2$ 分光。经过 SP$_2$ 后，eo 光和 oe 光各自被分为两束，分别是振幅大小为 $E_1 = -\dfrac{\sqrt{2}}{2}E_{20}$ 的 eoeo 光、振幅大小为 $E_2 = \dfrac{\sqrt{2}}{2}E_{20}$ 的 eooe 光、振幅大小为 $E_3 = \dfrac{\sqrt{2}}{2}E_{10}$ 的 oeoe 光和振幅大小为 $E_4 = \dfrac{\sqrt{2}}{2}E_{10}$ 的 oeeo 光。最后再经过起偏方向为 45°的偏振片后，各个成分的光振动方向一致，振幅依次为 $E_1' = -\dfrac{1}{2}E_y$、$E_2' = \dfrac{1}{2}E_y$、$E_3' = \dfrac{1}{2}E_x$ 和 $E_4' = \dfrac{1}{2}E_x$，相互之间满足相干条件，经过成像透镜后在透镜的后焦面上两两之间发生干涉，形成干涉图样。

与棱镜干涉型偏振成像仪类似，萨瓦板平板型干涉偏振成像仪具有结构紧凑、能量利用率较高、可同时成像等优点。但也存在类似的缺点：不同光路带来的误差，干涉图时波长敏感，数据处理速度受到计算性能的限制。

3.3.3 偏振光栅型干涉偏振成像仪

偏振光栅是一种双折射衍射光学元件，用液晶材料制成，具有空间周期性双折射效应，将入射光分为两个具有一定夹角的正向传播的正交圆偏振光。

该偏振光栅的偏振特性和衍射效率、光谱与常规的相位或振幅光栅不同，其自然本征极化是圆偏振(与 S_3 / S_0 成正比)，将其与 1/4 波片配对，可以使入射光产生线偏振(即 S_1 / S_0 或 S_2 / S_0)。从偏振光栅衍射的光几乎全部衍射到 1 级或 0 级，衍射角满足光栅方程

$$\sin\theta_m = m\lambda / \Lambda - \sin\theta_{\mathrm{in}}$$

其中，Λ 为光栅周期，θ_m 和 θ_{in} 分别为衍射角和入射角。一般情况下，偏振光栅

的衍射效率表示为

$$\eta_{\pm 1}=\left(\frac{1}{2}\pm\frac{S_3}{2S_0}\right)K$$
$$\eta_0=(1-K)$$

(3.29)

其中，K 是由偏振光栅中液晶结构决定的因子。

2011 年，Kudenov 等[60]提出了光栅型干涉偏振成像仪，可以获得 Stokes 矢量中的 S_0、S_1 和 S_2。光栅型干涉偏振成像系统的结构如图 3-23 所示，它由两个偏振光栅 PG_1 和 PG_2、一个偏振片 LP、一个成像透镜 f 和一个处在焦平面阵列的探测器 FPA。两个偏振光栅 PG_1 和 PG_2 周期均为 Λ、间隔为 t，呈串联排布。光束经过准直后入射到偏振光栅，分成左旋圆偏振光和右旋圆偏振光两路，0 级衍射光不改变偏振态，再经过一个偏振光栅后衍射光束又变为平行光，经过成像透镜会聚于探测器进行干涉成像，获得干涉图。干涉图强度为

$$I(x,y)=\frac{1}{2}\left[S_0(x,y)+S_1(x,y)\cos\left(2\pi\frac{2mt}{f\Lambda}y\right)+S_2\sin\left(2\pi\frac{2mt}{f\Lambda}y\right)\right]$$

(3.30)

式中，m 为衍射级次，t 为两偏振光栅间距，f 为成像透镜焦距，Λ 为偏振光栅的光栅常数。对式(3.30)进行傅里叶变换可得到 Stokes 矢量频谱图，再进行逆傅里叶变换即可得到 Stokes 矢量图。

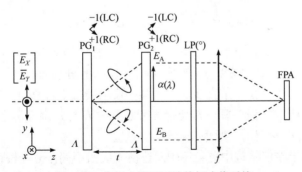

图 3-23　偏振光栅型干涉偏振成像系统

干涉偏振成像仪可从单幅带有偏振信息的干涉图中获得多个 Stokes 分量图，结构紧凑、能量利用率高，可以拍摄动态目标。但早期基于液晶的偏振光栅只有相当窄的衍射效率谱，仅在设计波长 λ_0 附近出现高的 1 级衍射效率($\Delta\lambda/\lambda_0<13\%$时，>99%)。通过优化衍射结构，现在偏振光栅可以实现宽带内更大的高效光谱带宽($\Delta\lambda=\lambda_0\sim56\%$)，可以覆盖大部分可见波长范围。在这种情况下，近似值为 $K=1$，因此对于大多数可见波长(例如 450~750nm)，$\eta_{\pm 1}=1$ 和 $\eta_0=0$ 都是如此。但是，偏振光栅型偏振成像仪数据处理速度受到计算机性能限制外，目前只能获

取目标线偏振分量图，无法获取目标圆偏振分量图。

3.3.4　Sagnac 型干涉偏振成像系统

Sagnac 干涉效应最早由法国科学家 Sagnac 于 1913 年提出，是一种圆形光纤环路，将同一光源发出的光分解成两束，然后在同一个环路内沿着相反的方向循环一周后会合。后来将类似的对入射光进行分束，分出来的两束光沿相同路径反向运动，最终在屏幕上发生干涉的结构称为 Sagnac 干涉仪。Sagnac 干涉仪是横向剪切干涉仪的一种，其采用了稳定的三角共光路结构，具有较强的抗干扰能力，在静态光谱成像和干涉偏振成像领域中得到了广泛的应用，如图 3-24 所示。

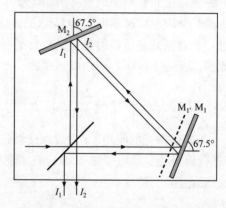

图 3-24　三角共光路的 Sagnac 结构图

一种典型的 Sagnac 干涉仪如图 3-25 所示，整体结构由一个分束器(BS)和两块平面反射镜组成，其中 BS 与 x 轴成 45°，M_1、M_2 分别与 x 轴、y 轴成 62.5°，M_1、M_2 的中心与 BS 在一条直线上。当某一反射镜发生位移时，例如，M_1 移动到 M_1' 位置，I_1 所走光程缩短，I_2 所走光程不变，I_1 与 I_2 在光屏上的干涉结果就会发生变化，可以利用这一原理进行干涉测量。

将 Sagnac 干涉仪结构中分束镜(BS)替换成线栅型偏振分光棱镜(WGBS)，并在成像透镜前放置检偏片，得到偏振 Sagnac 干涉仪(PSI)，其结构如图 3-25 所示。其中偏振 Sagnac 干涉仪包含一个线栅型偏振分光棱镜(WGBS)、两个完全相同的平面反射镜 M_1、M_2，一个检偏片 A 及一个成像透镜。图中 d_1、d_2 分别表示反射镜 M_1 与 M_2 与 WGBS 之间的距离。当一束平行光沿 x 正半轴入射到 WGSB 后被分为振动方向相互垂直的两束线偏振光 I_p 和 I_s，透射光 I_p 振动方向平行于 z 轴(沿纸面方向)，反射光 I_s 振动方向平行于 y 轴(垂直于纸面方向)。以 I_p 为例，I_p 经 M_1 反射后到达 M_2，再经过 M_2 反射后到达 WGBS 被透射，最终沿 z 轴正方向出射。I_s 先经过 M_2 和 M_1，被 WGBS 反射后同样沿 z 轴正方向出射。两束平行的出

射光 I_p 和 I_s 经过检偏片后振动方向相同，在焦平面上发生干涉，形成干涉条纹。

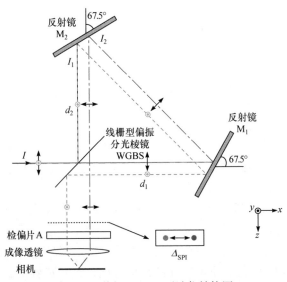

图 3-25　偏振 Sagnac 干涉仪结构图

　　偏振 Sagnac 干涉仪能够产生干涉的主要原因是 $d_1 \neq d_2$。因为，如果 $d_1 = d_2$ 则被分束器反射与折射的两束光的光路相同，剪切量为 0，此时不会产生干涉条纹。当 $d_1 \neq d_2$ 时，两面平面反射镜与分束器的距离不同，使得两束光路不同，产生横向剪切量 $\varDelta_{\mathrm{SPI}}$。这一现象与萨瓦板对光束产生的剪切效果相同，此时 Sagnac 的作用与双折射晶体的作用相同，都对同一光源的光进行了剪切，根据几何知识，剪切量可以表示为

$$\varDelta_{\mathrm{SPI}} = \sqrt{2}\,\alpha \tag{3.31}$$

式中，α 表示平面反射镜 M_1 与 M_2 分别到偏振分束镜的距离差值，即 $\alpha = d_1 - d_2$。

　　两束光到达 A 前的光程分别为

$$S_1 = d_2 + \sqrt{2}\left(d_2 + \frac{\varDelta_{\mathrm{SagP}}}{2}\right) + \left(d_2 + \frac{\varDelta_{\mathrm{SagP}}}{2}\right) + S_A$$
$$S_2 = d_1 + \sqrt{2}\left(d_1 - \frac{\varDelta_{\mathrm{SagP}}}{2}\right) + \left(d_1 - \frac{\varDelta_{\mathrm{SagP}}}{2}\right) + S_A \tag{3.32}$$

式中，S_A 表示 WGBS 到偏振片 A 的距离，$\varDelta_{\mathrm{SagP}}$ 表示 Sagnac 系统横向剪切量。

　　光程差可以表示为

$$d_{\mathrm{SagP}} = S_2 - S_1 = 0 \tag{3.33}$$

　　对比萨瓦板剪切量可以看出，当不考虑萨瓦板折射率随波长变化时，Sagnac

干涉仪与萨瓦板相同。

3.4　Mueller 矩阵偏振成像系统

3.4.1　Mueller 矩阵偏振成像原理

　　光的偏振态可用一个四维 Stokes 矢量描述，如式(3.34)所示，特定偏振态的入射光与样品的散射相互作用可由一个 4×4 偏振变换矩阵，即 Mueller 矩阵表征，其第一个矩阵元代表我们熟知的非偏振光学特征，其余 15 个阵元反映样品的不同偏振光学属性[61-66]。由此可见，Mueller 矩阵偏振成像方法可提供的信息量超过所对应的非偏振光学方法。Mueller 矩阵提供了待测样品对于入射光线偏振态改变能力的完备表征，因而可以全面定量地反映待测样品的偏振光学性质。进一步研究发现，Mueller 矩阵阵元对于样品中的亚波长微观结构改变非常敏感，通过分析 Mueller 矩阵我们可以获取介质跨尺度的微观结构信息[61]。此外，光的偏振态调制器件(包括偏振片、波片)不影响光的传播方向，这意味着偏振方法与现有的成熟光学方法及仪器完全兼容。通过在光路中增加起偏器(polarization state generator，PSG)模块和检偏器(polarization state analyzer，PSA)模块，我们可在保持显微镜、内窥镜等原有设备工作方式不变的情况下大大拓展其获取样品微观结构信息的能力[61]。

$$S_{out} = MS_{in}$$

$$\begin{pmatrix} I_{out} \\ Q_{out} \\ U_{out} \\ V_{out} \end{pmatrix} = \begin{pmatrix} m_{11} & m_{12} & m_{13} & m_{14} \\ m_{21} & m_{22} & m_{23} & m_{24} \\ m_{31} & m_{32} & m_{33} & m_{34} \\ m_{41} & m_{42} & m_{43} & m_{44} \end{pmatrix} \begin{pmatrix} I_{in} \\ Q_{in} \\ U_{in} \\ V_{in} \end{pmatrix} \tag{3.34}$$

　　Mueller 矩阵的测量有多种方法，早期多采用在 PSG 和 PSA 中分别旋转偏振片和 1/4 波片，实现水平偏振光(H)，垂直偏振光(V)，45°线偏振光(P)，135°线偏振光(M)，左旋圆偏振光(L)，右旋圆偏振光(R)等不同的起偏、检偏态组合，并测量不同组合下的光强值，计算得到样品的 Mueller 矩阵的方案。考虑到实际操作过程中偏振片的旋转经常引起图像的畸变等问题，目前更常用的 Mueller 矩阵测量方法为 Azzam 提出的双波片旋转法[67]。在基于双波片旋转的 Mueller 矩阵成像和测量系统中，起偏器和检偏器的 1/4 波片以一定的转速或步进角度比例进行旋转，此时光强探测器接收到的一系列光强信号可以视作一个傅里叶周期信号，通过对光强信号序列进行频率域分析，可以推导得到样品的 16 个 Mueller 矩阵阵元与光强信号的傅里叶系数之间的关系，进而实现成像和测量[68,69]。

基于双波片旋转的系统在不同的时间顺序串行调制光线的偏振态，属于非同时性的偏振调制方法，因此测量一幅完整 Mueller 矩阵图像所需的时间较长，对于动态样本的测量结果会包含较强烈的偏振伪影，此时可考虑采用同时性偏振调制器件进行快速 Mueller 矩阵成像，例如，空间调制器件——包括分振幅器件、分波前器件和分焦平面器件，也可以采用光谱调制器件。基于焦平面划分(division of focal plane，DoFP)的线偏振 CCD 技术快速发展，逐步实现了商业化。DoFP 线偏振 CCD 通过在普通成像传感器前增加具有不同通光方向的微偏振片阵列，实现对待测光线的线偏振分量的实时测量。近年来有一些研究将线偏振 CCD 应用于显微成像之中，如将单个线偏振 CCD 与荧光显微镜结合[70]，以及基于单线偏振 CCD 的偏振显微镜以实现样品 3×4 Mueller 矩阵的快速测量[71]。当线偏振 CCD 与可旋转的波片[72]或液晶可变相位延迟器(liquid crystal variable retarder，LCVR)[73]搭配使用并进行至少两次图像采集时，其也有能力实现全偏振的测量。

3.4.2 基于双波片旋转的 Mueller 矩阵偏振显微成像

在商业显微镜中增加基于双波片旋转的起偏器模块和检偏器模块，如图 3-26 所示[74,75]可以实现反射和透射式 Mueller 矩阵偏振显微镜。

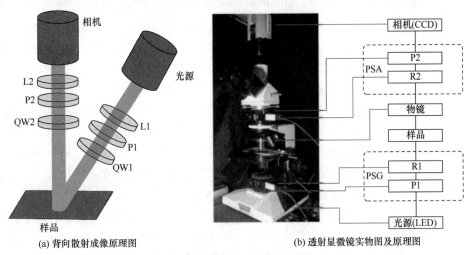

(a) 背向散射成像原理图   (b) 透射显微镜实物图及原理图

图 3-26 典型 Mueller 矩阵成像仪

P：线偏振片；R：1/4 波片；L：透镜；PSG：起偏装置；PSA：检偏装置

起偏器模块由一个固定角度的偏振片 P1 和一个可旋转的 1/4 波片 R1 构成，旋转 R1 可以产生具有不同偏振态的入射光线；检偏器模块则与起偏器模块的结构相反，其包含一个可旋转的 1/4 波片 R2 和一个固定角度的偏振片 P2。偏振片 P1、P2 的通光方向和 1/4 波片 R1、R2 的初始快轴角度均设定为 0°。由光源产生的准直单色光经过起偏器的偏振调制，照射到固定于载物台的样品上，穿过样品的散射光经过物镜后，被检偏器调制并被探测器所接收。

在 Mueller 矩阵成像及测量过程中，起偏器波片 R1 和检偏器波片 R2 分别固定在电动旋转位移台上以 1∶5 的角度比转动，例如 R1 和 R2 每次步进 6° 和 30°探测器采集一次光强图像，第 i 步接收的光强信号可以表示为

$$I_{out}(i) = c[1 \quad 0 \quad 0 \quad 0]M_{P2}M_{R2}(i)M_{sample}M_{R1}(i)M_{P1}S_{source} \tag{3.35}$$

其中，S_{source} 代表照明光的偏振态，M_{P1} 和 $M_{R1}(i)$ 分别代表起偏器的 P1 和 R1 第 i 步对应的 Mueller 矩阵，M_{P2} 和 $M_{R2}(i)$ 分别代表检偏器的 P2 和 R2 第 i 步对应的 Mueller 矩阵，M_{sample} 代表待测样品的 Mueller 矩阵，c 代表 CCD 的灵敏度。1/4 波片 R1 和 R2 具有不同的转动速率，因此 I_{out} 是一个周期信号，可以表达为式(3.36)傅里叶级数的形式：

$$I_{out} = a_0 + \sum_{n=1}^{12}(a_n\cos n\omega t + b_n\sin n\omega t) \tag{3.36}$$

此处样品的 Mueller 矩阵阵元是光强信号傅里叶系数 a_n 和 b_n 的函数。因此通过对 CCD 采集的光强信号进行傅里叶分析并解方程，便可以求解样本的所有 Mueller 矩阵阵元[67-69]。考虑到理论推导是建立在理想起偏器和检偏器的情况，实际系统所使用的偏振元件往往存在误差，此时光强信号不仅为 Mueller 矩阵阵元的函数，同时还是系统误差的函数，进而影响 Mueller 矩阵偏振成像结果的准确度。针对基于双波片旋转的透射式 Mueller 矩阵显微镜，通常可以采用解析式校准法(analytic calibration method, ACM)减小上述误差。通过建立系统的误差模型，我们可获取各个系统误差与待测信号之间的解析表达式，进行精确的求解和校准[76]。在校准时通常采用 Mueller 矩阵成像装置进行空测的方法，由于空气的 Mueller 矩阵可以看做理想的单位矩阵，此时各项系统误差可以通过空气光强信号的傅里叶系数进行精确的标定。在测量真实样品时，只需要在模型中代入系统误差，即可获得经过误差校准后的 Mueller 矩阵。

除了上述 Mueller 矩阵显微成像方案外，其他研究组也搭建了各种形式的 Mueller 矩阵透射显微成像装置，例如，Arteaga 等搭建了分立式 Mueller 矩阵偏振显微成像装置[77]，并用于不同类型样品的成像与测量。另外，针对厚组织和在体临床诊断等应用，反射式偏振成像更为适用。早期的反射式 Mueller 矩阵偏振成像常采用斜入射光照明的设计，如图 3-27(a)所示。此种方案虽然可以降低从样本表面反射光对成像的影响，但所得到的样本偏振参数定量测量结果会受到样本放置方位角的影响[63]。

考虑到斜入射光照明对定量测量结果产生的影响，如图 3-32 所示的基于双波片旋转的正背向反射式 Mueller 矩阵偏振显微镜被研发出来[78]。这一装置通过在

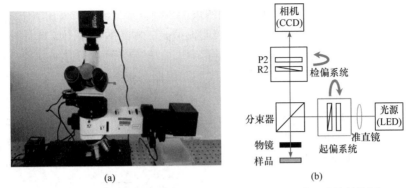

图 3-27　基于双波片旋转的正背向反射式 Mueller 矩阵显微镜结构图

商业化金相显微镜光路中添加起偏器和检偏器模块，实现正背向反射式 Mueller 矩阵成像。与透射式 Mueller 矩阵成像设备相似，正背向反射式 Mueller 矩阵显微镜的起偏器模块同样由一个固定角度的偏振片 P1 和一个可以旋转的 1/4 波片 R1 构成，检偏器模块则包含一个可旋转的 1/4 波片 R2 和一个固定角度的偏振片 P2。照明模块由光源和准直透镜构成，由照明模块产生的照明光经过起偏器模块的偏振调制后，被一个 50:50 非偏振分光棱镜向下反射以实现对样品的照明。此处非偏振分束棱镜的作用是保证照明光和样品的背向散射光共线。从样品表面发出的背向散射光向上穿过非偏振分束棱镜，经过检偏器的偏振调制后最终被探测器所接收。在单次 Mueller 矩阵测量过程中，起偏器和检偏器的旋转方式与透射式成像设备一致，根据傅里叶分析的方法即可求解样品的 16 个 Mueller 矩阵阵元。正背向反射式 Mueller 矩阵显微镜同样需要校准，特别是非偏振分光棱镜自身也往往具有偏振性质，可能会对测量结果引入二向色性和相位延迟误差，需要格外注意。

3.4.3　基于偏振 CCD 的 Mueller 矩阵显微成像

　　上述采用旋转波片进行偏振态检测属于非同时性偏振调制方法，在对偏振性质快速变化的样品进行测量时，采用同时性偏振调制器件如 DoFP 线偏振 CCD 可以实现待测光偏振态的同时性测量。这种装置在普通 CCD 的每个像素表面覆盖不同角度的微型偏振片(通常是 0°、45°、90°、135°)，每个像素仅检测一种偏振方向，从而可以同时获取 4 个偏振通道的光强图像，通过对每个偏振通道的图像进行双线性插值可以实现线偏振成像，具有尺寸和体积小、测量速度快的优点，适合应用于快速偏振显微测量。在实际使用过程中，为消除各偏振像素的消光比、通光方向和光强响应的不均匀性引入的误差，在线偏振 CCD 使用之前需要先使用特定线偏振态的准直入射光照明并记录线偏振 CCD 每一个像素处的光强响应，并计算线偏振 CCD 在每一个像素点处的仪器矩阵。

对于某种待测样品，使用不同的照明偏振光，样品的偏振图像具有巨大的区别，对于一些照明偏振态，偏振图像的信息非常丰富，而对于另外一些照明偏振态，偏振图像的信息非常稀少，使用不同照明偏振态获得偏振图像信息截然不同，这将对偏振测量如病理切片诊断产生极大干扰。在这种情况下，对于未知样品，通过 DoFP 偏振相机测量缪勒(Mueller)矩阵有利于我们对样品的偏振信息进行准确的理解。图 3-28 所示为基于单 DoFP 偏振相机的偏振显微镜，可实现样品 3×4 Mueller 矩阵的快速测量[71]。

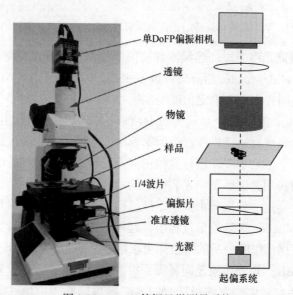

图 3-28　DoFP 偏振显微测量系统

为了对动态过程或活体组织进行快速的完整 Mueller 矩阵偏振成像测量，一种基于双线偏振 CCD 的 Mueller 矩阵显微镜被设计出来[79]。这一方案既充分利用了线偏振 CCD 可以进行同时性偏振检测的优点，又克服了单一线偏振 CCD 无法测量圆偏振信息的缺点。

基于双线偏振 CCD 的透射式 Mueller 矩阵显微镜的实物图和结构图如图 3-29 所示。

其中系统的起偏器模块包括一个固定角度的偏振片 P1 和一个可旋转的 1/4 波片 R1，检偏器模块则包含两个 DoFP 线偏振 CCD，一个 50:50 非偏振分光棱镜和一个固定角度的 1/4 波片 R2。两个线偏振 CCD 分别固定在非偏振分光棱镜的透射端和反射端，其中波片 R2 固定在 CCD1 和非偏振分光棱镜的透射端之间。初始状态时波片 R1 的快轴角度和起偏器 P1 的通光方向平行，且与两个线偏振 CCD

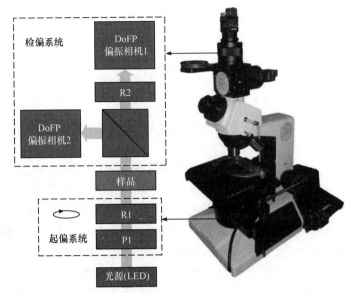

图 3-29　基于双 DoFP 线偏振 CCD 的透射式 Mueller 矩阵显微镜结构图

的通光方向平行，两个线偏振 CCD 各自的通光方向平行，成像区域完全相同，且基于仿射变换进行了图像配准。由光源发出的准直单色光经过起偏器的偏振调制后穿过样品，被非偏振分光棱镜分光后由两个线偏振 CCD 分别检测。线偏振 CCD 在使用前已经过校准并计算得到了每个像素处的仪器矩阵。此外装置充分考虑并消除了由非偏振分光棱镜引入的残余偏振信息。相比于基于双波片旋转的 Mueller 矩阵显微镜，基于双线偏振 CCD 的 Mueller 矩阵显微镜不仅测量时间大大缩短，测量准确度也有所提升，这可能是由于后者整体系统的条件数更小，且由于后者的检偏器中不包含运动部件，所以由波片 R2 的不均匀性引入的误差可以通过逐像素校准被很好地消除。

3.4.4　Mueller 矩阵偏振内窥成像

穿透能力不足是光学方法应用于医学成像的主要障碍，而内窥镜系统可以突破这种限制，直接观察人体器官内部的病变。经过数十年的发展，内窥镜在光学传输、数字成像、照明波段、空间操控和软件系统等方面均快速发展，成像效果和在体安全性不断提升，全新的内窥方法应用也不断出现，如胶囊内窥、数字内镜、血管内镜以及实现诊疗一体化的内窥镜手术等，极大地拓展了在体光学检测方法的视野。将内窥镜进行偏振升级，可以实现对人体内器官表层组织微观结构的动态、无标记定量测量，对临床病理诊断特别是早期癌变检测具有独特的优势[61]。目前国际上多个研究组正在致力于 Mueller 矩阵内窥镜的研究工作且取得了重要的进展：英国帝国理工学院 Daniel Elson 研究组已经设计实现了几代偏振内窥硬

镜，包括线偏振和全偏振 Mueller 矩阵内窥镜[80-84]，并对大型动物内腔器官进行
测量积累了大量成像数据；Vizet 等设计了一种基于光谱差分测量的可弯曲软性
Mueller 矩阵内窥镜，其偏振调制和检测模块均在体外，并通过额外的反射镜对光
纤传输过程中的偏振改变进行补偿[85]，实现了点扫描方式获得 Mueller 矩阵图像；
Rivet 等提出了针对内窥镜光纤偏振效应实时校准的方案[86]；而 Forward 等设计基
于多个多模可弯曲光纤组合的柔性 Mueller 矩阵成像内窥镜，能够准确地测量生
物组织的 3×3 Mueller 矩阵[87]。

　　偏振属于差分测量，对于微观结构的细微变化非常敏感，因此将偏振测量与
内窥结合时对于硬件系统的优化校准提出了很高的要求。同时偏振内窥在临床应
用，特别是用于消化道成像时将面对体内复杂的环境，胃肠道的运动、体液环境
等都将给偏振成像结果带来显著影响，如何通过硬件设计或者动态图像匹配和偏
振优化减轻或消除这些影响是亟须解决的问题。另外，不同的偏振内窥镜还需要
考虑成像光路本身产生的偏振效应。例如，当起偏及检偏模块放置于后端体外部
分，那么内窥镜的照明和成像光路在弯折过程中将对偏振态产生影响。如何消除
这部分内窥系统寄生偏振对成像的影响，决定了能否实现在体 Mueller 矩阵参数
的准确测量。而将起偏和检偏模块都放置于内窥镜前端有限的空间内将会对小型
化设计加工提出非常高的要求。如图 3-30 所示为一种基于已有的商用化内窥镜系
统研制的线偏振 Mueller 矩阵软性内窥镜各组成部分[88]，可用于分析离体组织和
实际临床环境下病理组织 Mueller 矩阵。

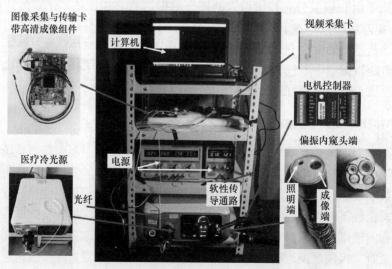

图 3-30　线偏振 Mueller 矩阵软性内窥镜各组成部分

第4章　偏振成像探测科学问题与关键技术

偏振成像探测技术的发展需要在应用需求的牵引下，依据我国目标探测技术的发展目标，一方面破解偏振成像探测技术的科学问题，提出偏振成像探测新方法，揭示偏振成像探测新机理；另一方面突破系列关键技术，包括偏振特性与传输演化规律、偏振信息获取技术、偏振信息处理与解译识别技术、偏振仿真技术及偏振成像探测关键器件技术等，为偏振成像探测应用提供支撑。

本章提炼偏振成像探测科学问题及关键技术。特别是，丛书编委会集中了国内偏振成像探测代表性团队的优势，在各关键技术部分介绍了1~2个有关团队的特色创新性工作作为典型范例，以利读者更好地领悟发现问题、解决问题。

4.1　偏振成像探测科学问题

以典型需求为牵引，围绕偏振信息的产生、传输、获取和利用，开展偏振光学技术应用中的共性科学问题研究，以保障偏振信息的有效应用、探测效能为目标，为构建我国偏振成像探测技术体系奠定理论基础。

1) 目标与背景偏振特性差异规律

要进行目标的偏振成像探测，首先必须掌握光与目标/背景的相互作用后如何产生特有的偏振特性，其核心科学问题是目标与背景偏振特性差异规律。

由菲涅耳反射定律可知，当光照射到目标/背景之后，由于反射、散射等，会产生特定的偏振特性，这些特征偏振与目标的表面粗糙度、纹理走向、表面取向、表面电导率、材料的理化特性、含水量等信息密切相关。因此目标与背景的偏振特性及二者的差异规律是偏振成像探测的前提和基础。只有对目标和背景偏振特性具有充分的认知，才能提升信息处理的实时性、凸显目标特性，实现对目标的有效探测识别。

人工目标和自然背景在偏振矢量信息上的特征描述与转换模型的差异是实现目标偏振探测理论基础。目标的偏振特征较传统的强度特征发生了显著变化：纹理更丰富、方位更精确、形状更明显、空间关系更复杂等，采用传统的强度特征难以全面描述偏振矢量图像上众多复杂的目标。如何针对偏振探测系统的多样性、探测条件的多变性以及目标的复杂性，定义矢量图上可度量的目标特征集，尽可能完备地描述人工目标，是涉及偏振成像探测应用中复杂偏振信息提取的科学问题。

为描述偏振图像上的目标特征，需要针对各种典型的地物目标定义目标特征集，并结合实地测量和计算机仿真，根据偏振探测系统的成像机理，建立多维目标特征与图像特征的映射关系，研究目标偏振特征在不同成像方式和条件下的关系及转换模型，研究目标偏振特征集的定义、构建及其形式化表达，从而为基于偏振探测技术的目标自动识别及其感知信息智能转化奠定理论基础[89]。

2) 复杂环境中偏振光的传输演化规律

要实现目标的偏振成像探测，还必须剥离复杂传输介质的干扰，其核心科学问题是偏振光传输演化规律。

来源于目标的反射信息在传输过程中，受到传输环境的影响，包括雾、霾、烟、尘、海水、生物组织及大气等传输介质，以及密度场、温度场等导致偏振成像探测器接收到的信号不能准确地表征目标和背景偏振特性。

偏振探测的应用环境包括干洁的定常大气、清洁海水和均匀生物组织等，还有烟尘雾霾、浑浊海水、病变组织等非定常环境。非定常环境存在多种类、多尺度、时-空非定常分布的特征，其散射、吸收特性既不同于常规单一球形散射介质，也不同于统计尺度规则上呈回转椭球形的常规散射颗粒凝团，大气气溶胶粒子特性及其谱分布的改变、海水杂质粒子特征及其分布的改变、病变组织特征及其分布的改变，使得现有的瑞利散射和米氏散射理论很难满足复杂环境下的偏振成像探测需求。

为此需要研究环境扰动场偏振光散射特性建模方法，建立典型目标的环境扰动流场的光学偏振散射特性模型；对于带有动力装置的典型目标，研究动力装置特殊扰动区光学偏振散射特性建模方法，建立光偏振散射特性模型。

3) 偏振信息获取机理

要进行偏振成像探测，首先必须要有能够获取偏振信息量的偏振成像探测装置，其核心的科学问题是偏振信息获取机理。

入射光照到目标后发生偏振特性的改变，到达探测器还会受复杂环境对偏振光的作用影响而发生变化，因而偏振成像探测系统接收到的光场既包含了目标丰富的内在特性，又包含了环境复杂的干扰。材质表面特性对偏振特征影响的复杂性、环境空间要素关系的复杂性，都会导致探测结果的差异，现有的偏振矢量信息获取方法仍然很难满足很多复杂情况下目标探测识别的需求，只有找到更优的探测方法，才能更好地去除环境的干扰，更准确地得到目标的特性，这一直是偏振成像探测技术研究者们的努力方向。可以说新的偏振信息获取机理是实现偏振成像探测更好应用的核心。

为了掌握偏振信息获取机理，需要研究介质的物理属性以及表面结构对偏振态的影响及转移特性，进行表面发射分析以及转移方程求解，分析两种介质交界处的反射对光波偏振特性的影响；研究矢量辐射传输方程，分析光与粒子之间的散射过程；研究偏振探测器的偏振响应和混叠干扰等，从而为偏振成像探测技术的应用奠定理论基础。

4) 偏振信息的解译与识别

偏振成像探测装置获取的偏振信息中既有目标/背景光场信息，又有传输介质干扰信息，因此偏振信息的解译与识别是又一核心科学问题。

偏振矢量数据具有丰富的内在特征，包含了多元多维度的物理信息。现有的强度信息解译方法难以对复杂的矢量信息进行准确的求解，也无法对多目标组成的场景矢量进行推理与理解。因此，如何利用偏振特征推断复杂目标、建立层次化的场景解析模型是应用中需要解决的科学问题。

为了建立偏振信息解译与识别模型，可以目标特性模型、偏振光传输模型、探测模型为基础，利用有限的目标、场景、偏振探测系统的先验知识，建立"探测系统输出—偏振特征—目标—场景"的逐层关联过程模型，将偏振信息的解译问题转换为复杂目标特征与环境扰动问题，实现基于偏振信息的目标识别、场景解译和信息转化，为偏振成像探测提供理论和计算支持。

5) 偏振探测系统的适用性

偏振成像探测并不是任何情况下都会取得与其他探测技术相比较的最优效果，为此必须解决偏振探测系统适用性这一科学问题，以确定偏振成像探测的适用条件。

偏振探测在提高目标识别效率、增强感知能力上的有效性是推动偏振探测技术应用发展的重要因素。如何针对大气、雾霾、海洋、生物组织等多种环境中的偏振信息特点，结合偏振探测系统的典型模式，建立偏振探测系统应用适用性条件，是涉及偏振成像探测技术应用的科学问题。

为了建立合理的偏振探测适用性条件，针对偏振信息的特点，从偏振信息探测系统结构类型出发，分析偏振信息获取方法的实用性条件；针对偏振探测系统评价方法的盲区，从探测概率模型出发，研究偏振探测系统的探测方程，建立偏振探测系统效能模型，综合系统灵敏度和噪声、目标/背景偏振特征以及人眼视觉特性等因素，全面发掘偏振探测系统的极限性能，从而形成偏振信息获取端的完善评价理论；针对复杂环境条件，理论分析偏振探测技术具有优势的适用条件，研究提升偏振成像探测效能的有效约束条件。

4.2　目标/背景偏振特性关键技术及应用

4.2.1　目标/背景偏振特性关键技术

要定量表征目标与背景偏振特性，揭示其间偏振特性差异规律，必须突破三大关键技术。

1) 典型目标偏振特性模型构建技术

要揭示目标与背景偏振特性差异规律这一科学问题，必须建立高精度目标偏振反射散射特性模型，并针对典型应用，建立目标偏振特性数据库和模型库，为偏振特性探测与识别提供基础数据与解算模型支撑。

为此，需要在偏振特性定量化测量技术研究基础上，突破高精度宽波段全偏振目标特性定标与定量测量技术，建立全偏振特性定标和定量测量试验平台；通过室内模拟测量研究，获取典型目标表面全偏振特性，形成目标偏振特性参数数据库；在此基础上，研究偏振光与表面材料互作用的机理，根据目标几何结构信息，结合定量测量的表面偏振特性参数，揭示目标偏振特性产生规律；进而开展目标偏振特性的外场定量测量方法和模型校验方法研究，构建典型目标偏振特性高置信度模型。

2) 背景偏振特性模型构建技术

目标和背景的偏振特性差异是偏振成像探测凸显目标的前提，在目标偏振特性高置信度模型建立的基础上，还必须突破背景偏振特性建模技术。

为此需要针对典型自然背景(如地表、丛林、天空、太空等环境背景)和人工背景(如伪装网)的偏振特性，开展典型背景偏振特性的测量方法研究，形成典型背景偏振特性数据集，开展背景的统计特性分析研究，分析其偏振特性随环境变化的规律，在此基础上，研究典型背景的偏振特性的建模方法，通过统计分析，建立典型背景典型条件下的偏振特性模型。

3) 目标/背景偏振特性数据库技术

在获取目标和背景大量偏振特性数据、构建高置信度模型的基础上，完成目标/背景的偏振特性数据库和模型库是目标与背景偏振特性的定量表征及其差异规律揭示的关键技术。该部分是实现高效探测识别的重要环节。

为此需要分析目偏振特性数据库和模型库的方式方法，协调和制定统一的相应数据和模型入库规范，具备数据和模型录入、存储、管理、交互输出等功能，优化查询和比对方式，实现实测数据入库管理，构建典型目标、背景特性数据库，并具备根据特性数据和模型推演仿真的能力。

这三大关键技术中，最为核心的是目标的高置信度偏振特性模型。本节以关键技术突破为范例诠释技术路线与获得的效果。

4.2.2　典型范例：目标偏振特性高置信度模型构建

随着偏振测量技术的快速发展和广泛应用，人们意识到目标表面的偏振反射特性能够反映目标材料属性和理化特性极具价值的信息，开始重视对偏振反射特性的研究。偏振反射特性模型的研究开展得比较晚，直到 20 世纪末才有研究者提出偏振二向反射分布函数(polarized bidirectional reflection distribution function，pBRDF)的概念。

1995 年，Flynn 和 Alexander 针对 BRDF 与光偏振态之间关系描述的不足，将全偏振的表达方式引入 BRDF 之中，提出了 pBRDF 的概念[90]。pBRDF 定义为一个 4×4 矩阵，pBRDF 矩阵 fpBRDF 与入射光偏振态 S^{in} 和反射光偏振态 S^{out} 的关系如下：

$$S^{\text{out}} = f_{\text{pBRDF}} \cdot S^{\text{in}} \tag{4.1}$$

$$\begin{pmatrix} S_0^{\text{out}} \\ S_1^{\text{out}} \\ S_2^{\text{out}} \\ S_3^{\text{out}} \end{pmatrix} = \begin{pmatrix} f_{00} & f_{01} & f_{02} & f_{03} \\ f_{10} & f_{11} & f_{12} & f_{13} \\ f_{20} & f_{21} & f_{22} & f_{23} \\ f_{30} & f_{31} & f_{32} & f_{33} \end{pmatrix} \begin{pmatrix} S_0^{\text{in}} \\ S_1^{\text{in}} \\ S_2^{\text{in}} \\ S_3^{\text{in}} \end{pmatrix} \tag{4.2}$$

可以看出，pBRDF 矩阵的形式与 Mueller 矩阵十分相近，实际上 pBRDF 矩阵与 Mueller 矩阵的作用相似，可以看做一个考虑了偏振方向坐标转换的反射过程的 Stokes 矢量转换矩阵。自 pBRDF 的概念提出以来，许多研究者在 pBRDF 模型方面做了许多工作，对目标偏振反射特性研究起到了重要的推动作用。为此我们首先研究各种典型的 pBRDF 模型，分析其中最为先进的 Priest-Germer 模型(P-G 型)、Hyde 模型存在的问题，在此基础上进行修正，并进一步提出精度更高的三分量模型。

1. Priest-Germer 模型

2000 年，美国海军研究实验室的 Priest 和 Germer 建立了首个严格意义上的 pBRDF 模型——Priest-Germer 模型[91]。P-G pBRDF 模型以 T-S BRDF 模型为基础进行扩展，在计算偏振态时，通过 Fresnel 公式计算得到 Jones 矩阵，再根据 Jones 矩阵与 Mueller 矩阵的对应关系得到反射过程的偏振态转化关系，最后将表示入射光和反射光强度关系的 BRDF 表达式与表示偏振关系的 Mueller 矩阵相结合，从而获得完整的 pBRDF 模型表达式。

在计算偏振转化关系时，P-G 模型首先确定四个坐标系：①由 ri 和 z 构成的坐标系；②由 ri 和 n 构成的坐标系；③由 rr 和 n 构成的坐标系；④由 rr 和 z 构成的坐标系。规定坐标系①旋转 η_i 角度至坐标系②，坐标系③旋转 η_r 角度至坐标系④，则有以下关系：

$$\begin{aligned} \begin{pmatrix} E_s^r \\ E_p^r \end{pmatrix} &= \begin{pmatrix} \cos\eta_r & \sin\eta_r \\ -\sin\eta_r & \cos\eta_r \end{pmatrix} \begin{pmatrix} a_{ss} & 0 \\ 0 & a_{pp} \end{pmatrix} \begin{pmatrix} \cos\eta_r & -\sin\eta_r \\ \sin\eta_r & \cos\eta_r \end{pmatrix} \begin{pmatrix} E_s^i \\ E_p^i \end{pmatrix} \\ &= \begin{pmatrix} T_{ss} & T_{ps} \\ T_{sp} & T_{pp} \end{pmatrix} \begin{pmatrix} E_s^i \\ E_p^i \end{pmatrix} \end{aligned} \tag{4.3}$$

坐标旋转角 η_i 和 η_r 可由下面的关系得到：

$$\cos\eta_i = \frac{\cos\theta_N - \cos\theta_r \cos\beta}{\sin\theta_i \sin\beta} \tag{4.4}$$

$$\cos\eta_r = \frac{\cos\theta_N - \cos\theta_r \cos\beta}{\sin\theta_r \sin\beta} \tag{4.5}$$

由此可以得到表面反射过程的 Jones 矩阵 $\boldsymbol{T}$，由于 Jones 矩阵元素 T_{ij} 和 Mueller 矩阵元素 M_{ij} 有如下对应关系：

$$M_{00} = \frac{1}{2}(|T_{ss}|^2 + |T_{sp}|^2 + |T_{ps}|^2 + |T_{pp}|^2) \tag{4.6}$$

$$M_{01} = \frac{1}{2}(|T_{ss}|^2 + |T_{sp}|^2 - |T_{ps}|^2 - |T_{pp}|^2) \tag{4.7}$$

$$M_{02} = \frac{1}{2}(T_{ss}T_{ps}^* + cc + T_{sp}T_{pp}^* + cc) \tag{4.8}$$

$$M_{03} = \frac{1}{2}[\mathrm{i}(T_{ss}T_{ps}^* - cc) + \mathrm{i}(T_{sp}T_{pp}^* - cc)] \tag{4.9}$$

$$M_{10} = \frac{1}{2}(|T_{ss}|^2 - |T_{sp}|^2 + |T_{ps}|^2 - |T_{pp}|^2) \tag{4.10}$$

$$M_{11} = \frac{1}{2}(|T_{ss}|^2 - |T_{sp}|^2 - |T_{ps}|^2 + |T_{pp}|^2) \tag{4.11}$$

$$M_{12} = \frac{1}{2}[(T_{ss}T_{ps}^* + cc) - (T_{sp}T_{pp}^* + cc)] \tag{4.12}$$

$$M_{13} = \frac{1}{2}[\mathrm{i}(T_{ps}T_{ss}^* - cc) - \mathrm{i}(T_{pp}T_{sp}^* - cc)] \tag{4.13}$$

$$M_{20} = \frac{1}{2}(T_{ss}T_{sp}^* + cc + T_{ps}T_{pp}^* + cc) \tag{4.14}$$

$$M_{21} = \frac{1}{2}[(T_{ss}T_{sp}^* + cc) - (T_{ps}T_{pp}^* + cc)] \tag{4.15}$$

$$M_{22} = \frac{1}{2}(T_{ss}T_{pp}^* + cc + T_{ps}T_{sp}^* + cc) \tag{4.16}$$

$$M_{23} = \frac{1}{2}[\mathrm{i}(T_{ps}T_{sp}^* - cc) - \mathrm{i}(T_{ss}T_{pp}^* - cc)] \tag{4.17}$$

$$M_{30} = \frac{1}{2}[\mathrm{i}(T_{ss}T_{sp}^* - cc) + \mathrm{i}(T_{ps}T_{pp}^* - cc)] \tag{4.18}$$

$$M_{31} = \frac{1}{2}[\mathrm{i}(T_{ss}T_{sp}^{*} - cc) - \mathrm{i}(T_{ps}T_{pp}^{*} - cc)] \tag{4.19}$$

$$M_{32} = \frac{1}{2}[\mathrm{i}(T_{ss}T_{pp}^{*} - cc) + \mathrm{i}(T_{ps}T_{sp}^{*} - cc)] \tag{4.20}$$

$$M_{33} = \frac{1}{2}[(T_{ss}T_{pp}^{*} + cc) - (T_{ps}T_{sp}^{*} + cc)] \tag{4.21}$$

通过以上关系可以计算得到反射过程的 16 个 Mueller 矩阵元素 M_{jk}，将标量 Torrance-Sparrow BRDF 模型(T-S 模型)表达式中的 Fresnel 反射率 F 替换成 Mueller 矩阵元素 M_{jk}，就可以得到全偏振形式的 pBRDF 矩阵表达式，pBRDF 矩阵元素 f_{jk} 表达式为

$$f_{jk}(\theta_{\mathrm{i}},\theta_{\mathrm{r}},\phi) = \frac{1}{2\pi}\frac{1}{4\sigma^2}\frac{1}{\cos^4\theta_N}\frac{\exp\left(-\dfrac{\tan^2\theta_N}{2\sigma^2}\right)}{\cos\theta_{\mathrm{r}}\cos\theta_{\mathrm{i}}}M_{jk}(\theta_{\mathrm{i}},\theta_{\mathrm{r}},\phi) \tag{4.22}$$

式(4.22)即为 P-G pBRDF 模型表达式，P-G 模型的主要贡献在于建立起了反射过程中偏振态的转换关系，完成了偏振反射特性建模的关键一步，此后有一些研究者对 P-G 模型进行研究和修正，推动了 pBRDF 建模的研究。但是 P-G 模型也存在着严重缺陷，它从 Fresnel 方程出发考虑了镜面反射过程中的偏振效应，却没有提出漫反射过程中偏振效应的处理方法，而且 P-G 模型在计算中没有考虑相邻微面元的阴影和遮蔽效应对反射特性的影响，这样简单的处理在物理上存在严重的缺陷，必然造成模型存在不可忽视的模拟误差[92]。

2. Hyde 模型

2009 年，美国 Wright-Patterson 空军基地的 Hyde 等[93]对 P-G 模型中存在的缺陷进行了改进，建立了 Hyde pBRDF 模型。Hyde 模型对 P-G 模型的改进主要在两个方面：一是引入了几何衰减因子 G 来描述微面元之间的阴影与遮蔽效应对反射光分布的影响，有效减少了模型在大反射角条件下的模拟误差；二是假定漫反射过程是完全消偏的，并理论推导出了漫反射分量的数学表达式，据此对 pBRDF 矩阵元素 f_{jk} 的表达式进行了修正。Hyde 模型相较于 P-G 模型在模型假设的物理合理性和模拟精度方面都有显著提升，是迄今最为完整和准确的 pBRDF 模型。

Hyde 模型利用表面高度标准差 σ_{h} 和自相关长度 l 来描述表面几何特征，在描述表面微观形貌特征方面这两个参数与粗糙度 σ 是等效的，σ_{h} 和 l 与粗糙度 σ 之间存在如下转化关系：

$$\sigma = \frac{\sqrt{2}\sigma_{\mathrm{h}}}{l} \tag{4.23}$$

Hyde 模型认为表面微面元的法向分布函数 P 满足以下关系:

$$P(\alpha,\sigma_{\mathrm{h}},l) = \frac{l^2 \exp\left(-\dfrac{l^2 \tan^2 \alpha}{4\sigma_{\mathrm{h}}^2}\right)}{4\pi\sigma_{\mathrm{h}}^2 \cos^3 \alpha} \tag{4.24}$$

式中,α 为微面元法向与宏观法向的夹角,Hyde 模型中使用的几何衰减因子是 Blinn 提出的分段函数形式的表达式 G:

$$G(\theta_{\mathrm{i}},\theta_{\mathrm{r}},\varphi) = \min\left(1;\frac{2\cos\alpha\cos\theta_{\mathrm{r}}}{\cos\beta};\frac{2\cos\alpha\cos\theta_{\mathrm{i}}}{\cos\beta}\right) \tag{4.25}$$

镜面反射分量的 BRDF 的表达式 F^S 如下形式:

$$F^S(\theta_{\mathrm{i}},\theta_{\mathrm{r}},\varphi;\sigma_{\mathrm{h}},l;\eta) = \frac{P(\alpha;\sigma_{\mathrm{h}},l)M(\beta;\eta)G(\theta_{\mathrm{i}},\theta_{\mathrm{r}},\varphi)}{4\cos\theta_{\mathrm{i}}\cos\theta_{\mathrm{r}}\cos\alpha} \tag{4.26}$$

式中,η 为反射目标材料的复折射率。与 P-G 模型相似,Hyde 模型的 pBRDF 矩阵元素表达式 f_{jk}^s 也是 BRDF 镜面反射分量与 Mueller 矩阵元素相结合的形式:

$$f_{jk}^s(\theta_{\mathrm{i}},\theta_{\mathrm{r}},\varphi;\sigma_{\mathrm{h}},l;\eta) = \frac{l^2 \exp\left(-\dfrac{l^2 \tan^2 \alpha}{4\sigma_{\mathrm{h}}^2}\right)}{16\pi\sigma_{\mathrm{h}}^2 \cos\theta_{\mathrm{i}}\cos\theta_{\mathrm{r}}\cos^4 \alpha} G(\theta_{\mathrm{i}},\theta_{\mathrm{r}},\varphi)M_{jk}(\beta;\eta) \tag{4.27}$$

由于上式未考虑漫反射的偏振效应,而漫反射分量会影响表示反射强度分布的 f_{00},因此上式适用于除 f_{00} 之外的 pBRDF 矩阵元素。Hyde 模型在推导漫反射分量表达式时,假定反射过程中无吸收作用,即入射光强度等于镜面反射分量与漫反射分量之和:

$$1 = \int_0^{2\pi}\int_0^{\pi/2} f_{00}^s \cos\theta_{\mathrm{r}}\sin\theta_{\mathrm{r}}\mathrm{d}\theta_{\mathrm{r}}\mathrm{d}\phi + \int_0^{2\pi}\int_0^{\pi/2} f_{00}^d \cos\theta_{\mathrm{r}}\sin\theta_{\mathrm{r}}\mathrm{d}\theta_{\mathrm{r}}\mathrm{d}\phi \tag{4.28}$$

即可导出 BRDF 中漫反射分量 f_{00}^d 的解析表达式:

$$f_{00}^d(\theta_{\mathrm{i}};\sigma_{\mathrm{h}},l) = \frac{1}{\pi}\left(1 - \int_0^{2\pi}\int_0^{\pi/2} f_{00}^s \cos\theta_{\mathrm{r}}\sin\theta_{\mathrm{r}}\mathrm{d}\theta_{\mathrm{r}}\mathrm{d}\varphi\right) \tag{4.29}$$

pBRDF 矩阵元素中的 f_{00} 应是镜面反射分量和漫反射分量之和的形式,因此 Hyde pBRDF 模型由以下两个表达式给出:

$$\begin{cases} f_{00}(\theta_{\mathrm{i}},\theta_{\mathrm{r}},\phi;\sigma_{\mathrm{h}},l;\eta) = f_{00}^s(\theta_{\mathrm{i}},\theta_{\mathrm{r}},\phi;\sigma_{\mathrm{h}},l;\eta) \\ \qquad\qquad + \dfrac{1}{\pi}\left[1 - \int_0^{2\pi}\int_0^{\pi/2} f_{00}^s \cos\theta_{\mathrm{r}}\sin\theta_{\mathrm{r}}\mathrm{d}\theta_{\mathrm{r}}\mathrm{d}\phi\right]M_{00}(\beta;\eta) \\ f_{jk}(\theta_{\mathrm{i}},\theta_{\mathrm{r}},\phi;\sigma_{\mathrm{h}},l;\eta) = f_{jk}^s(\theta_{\mathrm{i}},\theta_{\mathrm{r}},\phi;\sigma_{\mathrm{h}},l;\eta), \quad j,k \neq 0 \end{cases} \tag{4.30}$$

3. 三分量模型

根据本书前面章节的介绍，现有的 pBRDF 模型比较少，Hyde 模型由于其合理的物理假设和较高的模拟精度而被认为代表了现有 pBRDF 模型的最高水平。然而，仍然存在着严重的不足，其模拟精度仍不能够满足目标偏振特性仿真与应用的要求。

Hyde 模型虽然能够比较准确地模拟某些材料表面的 pBRDF 特性，但是对于一些材料，特别是对漫反射特性粗糙样品的模拟误差非常大。这是由于模型对漫反射分量的处理过于简单，将漫反射当作理想朗伯反射过程，认为漫反射光在各反射方向均匀分布。

实验测量数据和 Hyde 模型模拟结果显示，当反射方向接近表面法向，即反射角 θ_r 较小时，Hyde 模型与实验测量数据符合得比较好；但当反射方向接近表面掠射方向，即反射角的绝对值比较大时，Hyde 模型模拟值明显地大于实验测量数据，存在一定误差。

为此本书提出三分量 pBRDF 模型[94,95]，如图 4-1 所示，认为反射作用是由三部分组成的，除了的单次反射 f_s (specular reflection)和多次反射 f_m (multiple reflection)之外，还存在体散射 f_v (volume scattering)，有时也被称为面下散射 (subsurface-diffuse)。体散射光是指入射光与表面作用后进入材料内部，与材料发生作用后又射出表面的那一部分反射光。

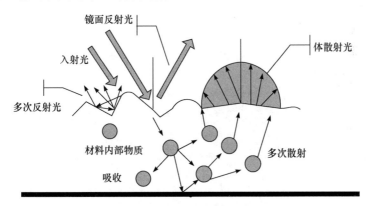

图 4-1　三分量反射模型示意图

在处理反射光的偏振态时，我们认为镜面反射光与表面微面元作用时遵循 Fresnel 定律，计算得到的镜面反射光偏振态与 Hyde 模型镜面反射部分的结果相同；多次反射光经过与表面的多次反射作用，其出射方向和出射偏振态经历了多次改变，可以认为其偏振方向已变得杂乱无章，即多次反射光可认为是随机偏振光；体散射光穿透表面之后，与内部材料的作用十分复杂，因此认为体散射过程是完全消偏的，与 Hyde 模型中漫反射部分结果相同。

基于三分量假设的 BRDF 模型表达式为[96]

$$f = k_s \cdot \frac{1}{2\pi} \frac{1}{4\sigma^2} \frac{1}{\cos^4 \theta_N} \frac{\exp\left(-\dfrac{\tan^2 \theta_N}{2\sigma^2}\right)}{\cos\theta_r \cos\theta_i} F(\beta) + k_m \cdot \cos^N \theta_r + k_v \tag{4.31}$$

基于三分量 BRDF 模型表达式，计算反射光各个分量的偏振效应，即可推导出 pBRDF 模型的表达式。

推导得反射光中单次反射光、多次反射光和体散射光的 Stokes 矢量 S_s^{out}、S_m^{out} 和 S_v^{out} Stokes 矢量表达式为[97]

$$S_s^{out} = \left(\sum_{i=0}^{3} f_{H0i} \cdot S_{si}^{in} \quad \sum_{i=0}^{3} f_{H1i} \cdot S_{si}^{in} \quad \sum_{i=0}^{3} f_{H2i} \cdot S_{si}^{in} \quad \sum_{i=0}^{3} f_{H3i} \cdot S_{si}^{in}\right)^T \tag{4.32}$$

$$S_m^{out} = k_m \left(f_m \quad 0 \quad 0 \quad 0\right)^T = \left(k_m f_m \quad 0 \quad 0 \quad 0\right)^T \tag{4.33}$$

$$S_v^{out} = k_v \left(f_v \quad 0 \quad 0 \quad 0\right)^T = \left(k_v f_v \quad 0 \quad 0 \quad 0\right)^T \tag{4.34}$$

其中，下标 H 表示 Hyde 模型参数。

于是，pBRDF 矩阵的表达式可表示为

$$S^{out} = f_{pBRDF} \cdot S^{in} \tag{4.35}$$

其中

$$f_{pBRDF} = \begin{pmatrix} f_{00} & f_{01} & f_{02} & f_{03} \\ f_{10} & f_{11} & f_{12} & f_{13} \\ f_{20} & f_{21} & f_{22} & f_{23} \\ f_{30} & f_{31} & f_{23} & f_{33} \end{pmatrix} = \begin{pmatrix} k_s f_{H00} + k_m f_m + k_v f_v & k_s f_{H01} & k_s f_{H02} & k_s f_{H03} \\ k_s f_{H10} & k_s f_{H11} & k_s f_{H12} & k_s f_{H13} \\ k_s f_{H20} & k_s f_{H21} & k_s f_{H22} & k_s f_{H23} \\ k_s f_{H30} & k_s f_{H31} & k_s f_{H32} & k_s f_{H33} \end{pmatrix}$$

$$\tag{4.36}$$

或写作

$$\begin{cases} f_{00} = k_s f_{H00} + k_m f_m + k_v f_v \\ f_{jk} = k_s f_{Hjk}, \quad j,k \text{不全为0} \end{cases} \tag{4.37}$$

如图 4-2 和图 4-3 所示[98]，本书给出了共面反射条件下归一化 pBRDF 矩阵元素 $f_{jk}(f_{jk} / \max(f_{00}))$ 在不同入射角 θ_i 和不同材料折射率 n 条件下的仿真曲线[99]。

结果显示，pBRDF 矩阵元素中 f_{00} 的值明显大于其他 f_{jk} 的值，且与样品材料折射率无关，f_{jk} 峰值的角度位置随入射角大增大而增大，且入射角越大，f_{jk} 曲线峰越尖锐；当材料折射率较小时，f_{01}、f_{11} 和 f_{22} 的值很小，接近于零，而当材料折射率增大时，f_{01}、f_{11} 和 f_{22} 具有较大的值。

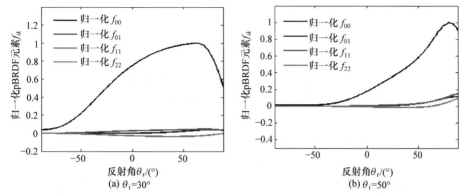

图 4-2　$\sigma=0.3\mu m$，$n=1.5$，$\phi=\pi$ 时的归一化 $f_{jk}(f_{jk}/\max(f_{00}))$ 仿真曲线

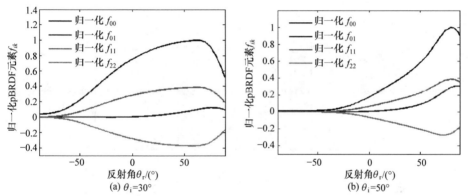

图 4-3　$\sigma=0.3\mu m$，$n=4.5$，$\phi=\pi$ 时的归一化 $f_{jk}(f_{jk}/\max(f_{00}))$ 仿真曲线

基于三分量模型及 Hyde 模型和 Thilak 模型对 $n=1.998$，$k=0$ 的样品进行估算，结果如表 4-1 所示[100]。可见三分量模型法的 n、k 误差分别是 Hyde 模型的 1/23.87 和 1/34.61，是 Thilak 方法的 1/7.46 和 1/9.31，如图 4-4 所示[101]。

表 4-1　基于三种模型对样品复折射率理论值 $n=1.998$，$k=0$ 的估算结果比较

入射角条件	Thilak 方法估算结果		Hyde 方法估算结果		本书方法估算结果	
	n	k	n	k	n	k
$\theta_i=10°$	7.4437	0.7111	10.4854	3.6479	2.1060	0.1058
$\theta_i=20°$	28.3232	0.9239	3.1501	0.8731	2.2222	0.3704
$\theta_i=30°$	42.5906	0.9875	5.3072	1.6640	2.4921	0.2950

入射角条件	Thilak 方法估算结果		Hyde 方法估算结果		本书方法估算结果	
	n	k	n	k	n	k
$\theta_i = 40°$	0.3943	1.2648	6.8084	3.0059	2.3009	0.6383
$\theta_i = 50°$	6.8494	0.0001	8.4856	5.5556	2.2687	0.7510
$\theta_i = 60°$	17.5201	0.7185	5.2261	1.2175	2.2424	0.8531
$\theta_i = 70°$	17.0499	0.0120	5.6391	1.5772	2.2836	0.8682
$\theta_i = 80°$	21.9616	1.1902	4.2612	4.2343	2.4479	0.6186

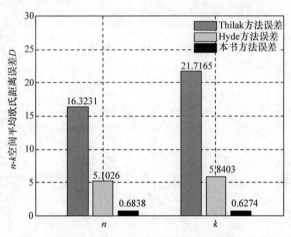

图 4-4　空间目标材料分类识别结果

　　基于估算结果对卫星保温膜、太阳能帆板、涂层三类 6 种空间碎片分类识别结果如图 4-5 所示[102]。可见，基于三分量模型可以非常好地区分三类碎片。

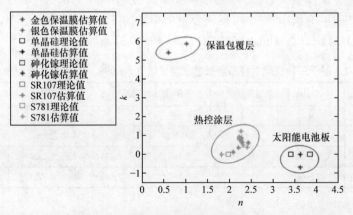

图 4-5　三类 6 种空间碎片分类识别结果

4.3 偏振传输演化特性(复杂环境干扰剥离)关键技术及应用

4.3.1 复杂环境干扰剥离关键技术

要揭示目标/背景偏振特性在介质中的传输演化规律,必须破解以下关键技术。

1) 介质传输过程测量技术

针对典型定常(如大气、雾霾、水体、生物组织等)和非定常(战场烟幕、物体燃烧、水中悬浮粒子、病变组织)传输介质,开展全偏振特性在典型介质中传输行为的测量分析方法研究,结合典型条件下典型传输介质的描述理论和方法,基于偏振衰减的物理机理,建立传输介质全偏振特性定量测量试验平台,测量传输介质相关参数。

2) 复杂环境中偏振光传输模型构建技术

在介质传输过程测量基础上,研究偏振光在雾霾、浑浊海水、病变组织等复杂环境中的传输过程,分析偏振特性演化过程,构建偏振光传射模型,为揭示偏振特性演化规律提供支撑。

3) 复杂环境中偏振光传输数值模拟技术

基于复杂环境中偏振光传输模型,结合传输介质相关参数测量结果,开展偏振光介质传输模拟研究,分析偏振特性变化规律与影响因素;在此基础上,研究典型传输介质在典型条件下的偏振特性变化过程,并开展典型传输介质偏振特性的外场定量测量方法和模型校验方法的研究,从而建立典型传输介质在典型条件下的偏振特性演化规律。

面向浑浊大气、污染海水、生物组织等不同的复杂环境[103,104],均必须研究突破以上三项关键技术。我们以大气中复杂环境干扰剥离为例,诠释相应关键技术实现技术途径与实现效果。

4.3.2 典型范例:大气中偏振光传输演化模型构建

由于偏振成像探测的环境是复杂多样的,所涉及的传输过程包含了吸收、单次散射、多次散射、折射率突变等多种物理过程,现有经典的散射模型已不能准确描述复杂环境下偏振光的传输演化过程。

为此,我们在球形、三非(非球形、非均匀结构、非均匀分布)粒子偏振传输特性研究及仿真分析基础上,构建了烟雾模拟环境实验系统,并进行了测试验证。

1. 球形粒子偏振传输特性仿真技术

当粒子为球形、均匀、各向同性粒子时，采用米散射方法进行研究。烟雾环境下球形粒子偏振蒙特卡罗模拟的具体过程主要包括：光子的发射、散射自由程抽样、散射角和方位角抽样、偏振分量统计、光子消亡判断等，偏振光传输的蒙特卡罗模拟流程图如图 4-6 所示。

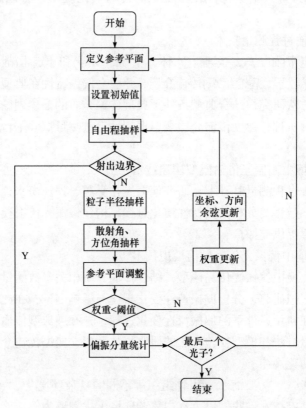

图 4-6　偏振光传输的蒙特卡罗模拟流程图

2. 三非环境下偏振传输特性仿真技术

1) 非球形粒子偏振传输特性仿真技术

在仿真时将粒子近似为球形进行计算，使得测试精度低，不能表征雾霾中颗粒物的真实形貌。实际雾霾环境下存在非球形粒子，并且混叠不均一，同时粒子尺度数和折射率变化也比较大，用目前的米散射理论很难解译雾霾环境下非球形颗粒物的光学传输过程中散射问题。这是由于在实际散射过程中 Stokes 参量含有 4 个参数，因此传输变换矩阵 $F(\theta,\varphi)$ 是由 $16(4\times4)$ 个元素组成，由散射颗粒的形状、大小、折射率及颗粒在空间的取向决定。

对于非球形粒子，可以计算出相应的相位矩阵为

$$M(a) = \begin{bmatrix} m_{11}(\alpha) & m_{12}(\alpha) & m_{13}(\alpha) & m_{14}(\alpha) \\ m_{21}(\alpha) & m_{22}(\alpha) & m_{23}(\alpha) & m_{24}(\alpha) \\ m_{31}(\alpha) & m_{32}(\alpha) & m_{33}(\alpha) & m_{34}(\alpha) \\ m_{41}(\alpha) & m_{42}(\alpha) & m_{43}(\alpha) & m_{44}(\alpha) \end{bmatrix} \tag{4.38}$$

其中矩阵中各元素表示如下：

$$m_{11} = (1/2)\left(|S_{11}|^2 + |S_{12}|^2 + |S_{21}|^2 + |S_{22}|^2\right)$$

$$m_{12} = (1/2)\left(|S_{11}|^2 - |S_{12}|^2 + |S_{21}|^2 - |S_{22}|^2\right)$$

$$m_{21} = (1/2)\left(|S_{11}|^2 + |S_{12}|^2 - |S_{21}|^2 - |S_{22}|^2\right)$$

$$m_{22} = (1/2)\left(|S_{11}|^2 - |S_{12}|^2 - |S_{21}|^2 + |S_{22}|^2\right)$$

$$m_{13} = -\mathrm{Re}\left(S_{11}S_{12}^* + S_{22}S_{21}^*\right)$$

$$m_{14} = -\mathrm{Im}\left(S_{11}S_{12}^* - S_{22}S_{21}^*\right)$$

$$m_{23} = -\mathrm{Re}\left(S_{11}S_{12}^* - S_{22}S_{21}^*\right)$$

$$m_{24} = -\mathrm{Im}\left(S_{11}S_{12}^* + S_{22}S_{21}^*\right) \tag{4.39}$$

$$m_{31} = -\mathrm{Re}\left(S_{11}S_{21}^* + S_{22}S_{12}^*\right)$$

$$m_{32} = -\mathrm{Re}\left(S_{11}S_{21}^* - S_{22}S_{12}^*\right)$$

$$m_{33} = \mathrm{Re}\left(S_{11}S_{22}^* + S_{12}S_{21}^*\right)$$

$$m_{34} = \mathrm{Im}\left(S_{11}S_{22}^* + S_{21}S_{12}^*\right)$$

$$m_{41} = -\mathrm{Im}\left(S_{21}S_{11}^* + S_{22}S_{12}^*\right)$$

$$m_{42} = -\mathrm{Im}\left(S_{21}S_{11}^* - S_{22}S_{12}^*\right)$$

$$m_{43} = -\mathrm{Im}\left(S_{22}S_{11}^* - S_{12}S_{21}^*\right)$$

$$m_{44} = -\mathrm{Re}\left(S_{22}S_{11}^* - S_{12}S_{21}^*\right)$$

其中，求解非球形散射体的 S_{11}、S_{12}、S_{21} 和 S_{22} 是非球形粒子偏振传输仿真中需要研究解决的问题。当散射体为非球形粒子时，采用基于对麦克斯韦方程组的求解方法，精确计算电磁散射场，采用 T 矩阵、有限时域差分法及分离变量法等方法进行研究，得到精准的粒径表征方法，生成散射吸收参数。

2) 非均匀粒子偏振传输特性仿真技术

针对单个粒子的非均匀情况，我们采用粒子内部同心圆分层的方法进行改进。根据折射率不同，将粒子按同心结构分为 N 层，假设每层内折射率相同，每层的

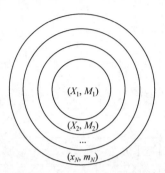

图 4-7　N 层同心结构粒子
模型

半径分别为 x_1 到 x_N，每层对应的折射率为 m_1 到 m_N；仿真计算时，在第 1 层使用球形公式进行求解，得到的偏振矢量结果作为下一层的输入参量，从第 1 层直至第 N 层，实现单个粒子的非均匀偏振传输特性计算，N 层同心结构粒子模型如图 4-7 所示。

　　3) 非均匀介质偏振传输特性仿真技术

　　针对传输介质非均匀的情况，我们采用粒子群外部分层的方法进行研究，将介质密度作为分段分层原则依据。对于偏振光水平传输采用介质浓度水平分段，对于偏振光垂直或斜程传输则采用介质浓度垂直分层。以水平传输为例，将介质分为 m 段(层)，假设每段(层)内介质均匀分布。仿真计算时，在第 1 段使用相应粒子计算方法进行求解，得到的偏振矢量结果作为下一段的输入参量，从第 1 段直至第 m 段，实现非均匀介质的偏振传输特性计算。非均匀介质结构模型如图 4-8 所示。

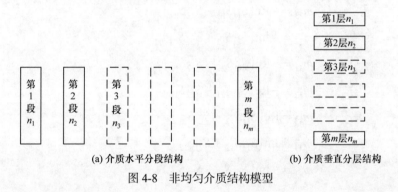

(a) 介质水平分段结构　　　　　　　　(b) 介质垂直分层结构

图 4-8　非均匀介质结构模型

　　3. 烟雾环境模拟技术

　　根据模拟烟雾环境的功能要求，本烟雾环境模拟装置主要由烟雾室箱体、烟雾发生装置、烟雾排空装置、烟雾检测装置、照明设备等组成。烟雾模拟装置布局及功能示意图如图 4-9 所示，实物图如图 4-10 所示。

　　1) 功能需求

　　(1) 满足可见光及近红外波段激光器的工作波段要求；

　　(2) 满足入射偏振光经烟雾环境传输后的多角度接收要求；

　　(3) 具备典型烟雾种类、浓度、颗粒大小和分布的烟雾发生模拟能力；

　　(4) 具备烟雾环境中的不同种类、浓度、颗粒的偏振传输测试能力；

　　(5) 具备对偏振激光的偏振特性的测试能力。

2) 主要技术指标

(1) 光谱范围：可见光、近红外；

(2) 可测量偏振参数：全 Stokes 参量、偏振度、偏振角、能量；

(3) 可测量烟雾介质粒子尺寸：$0.1 \sim 20\mu m$；

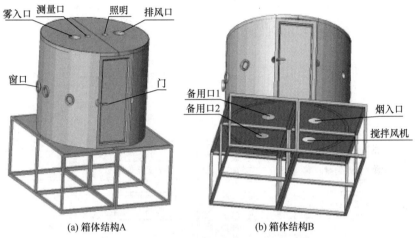

(a) 箱体结构A　　　　　　　(b) 箱体结构B

图 4-9　烟雾模拟装置布局及功能示意图

图 4-10　烟雾模拟装置实物图

4. 偏振特性测试技术

偏振传输特性测拟试采用两种方式：一种是主动激光偏振探测；二是可见光偏振被动成像探测。由于激光的偏振态比较容易控制，首先采用主动方式研究单一波长激光在烟雾环境的传输特性，将已知偏振态的激光经过烟雾等环境传输，测量偏振特性的变化，分析特性变化的规律，建立数学模型；然后再扩展到研究多谱段偏振光在环境中传输特性变化的规律；同时开展计算机仿真和半实物测试研究，修正偏振传输模型，对实验仿真结果进行综合分析，揭示强散射环境对光传输偏振特性影响的规律。

1) 激光主动偏振方式

室内激光主动偏振传输特性测试方案如图 4-11 所示，该测试方案主要由偏振光发射装置(发射端)、信道模拟装置(传输信道)、偏振探测接收装置(接收端)和计算机控制系统组成。偏振光发射装置又由激光器、发射光学系统及偏振调制组件组成，如图 4-12 所示。

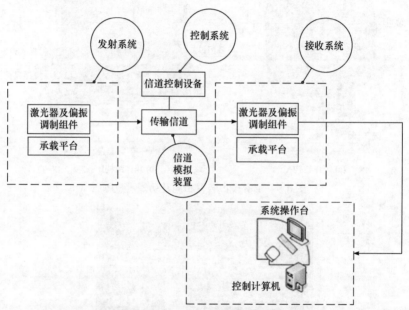

图 4-11　激光主动偏振传输特性测试方案

(a) 偏振光发射装置　　　　(b) 信道模拟装置　　　　(c) 偏振探测接收装置

图 4-12　激光主动偏振特性测试方法实物图

2) 偏振被动成像方式

在无主动光源照射的环境下，通过偏振成像相机分别对待测目标和经传输信道后的待测目标进行偏振成像，其原理图、实物图如图 4-13、图 4-14 所示。通过对目标图像与信道图像进行解析与计算，分析传输信道对偏振特性的影响。

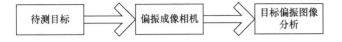

图 4-13　偏振被动成像测试原理图

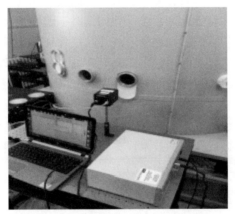

图 4-14　偏振被动成像测试实物图

通过以上两种方法的数据，分析经传输信道传输后的偏振特性的变化情况。分析不同烟雾环境对偏振传输特性的影响，分析偏振传输特性与工作距离、接收光学系统口径、气候条件等因素的关系及其变化规律，进而研究偏振光烟雾传输过程中偏振特性变化及其规律。

4.4　偏振信息获取关键技术及应用

4.4.1　面向应用的偏振信息获取关键技术

偏振成像探测技术已经发展到第六代，面向不同的应用要求，偏振成像探测技术怎么用？有什么约束？有没有更先进的偏振成像探测机制？上述问题引出了偏振成像探测目前及今后必须破解的关键技术，主要包括以下内容。

1) 新型偏振成像探测机制

偏振成像探测技术已经发展到第六代，但人们一直在寻求新的、具有更大适用容忍度、更全面光场信息、更高探测精度的偏振成像机制。

2) 偏振成像系统应用边界条件确定

各种成像机制各有优点，但同时原理所限自身也存在一定的缺陷。如何根据应用需求，找到最为合理的偏振成像探测体制，并针对其中存在的瓶颈问题，发展最优的成像机制，实现系统的总体优化，包括：获取方式采用主动还是被动？获取机制采用分时还是同时？调制方式采用有源还是无源？体积重量有无约束？探测器件是否满足要求？这些问题无疑是偏振成像探测应用的核心关键问题。

3) 前置光学系统偏振传输矩阵精确求解技术

基于太阳光/激光器/人造光源照射目标后高精度 spBRDF 表征的目标/背景特性，及精确的偏振传输模型后，可以获得成像探测系统入瞳的光场。如果不考虑前置光学系统偏振传输特性，则系统得到的是对于前置光学系统之后的光场最佳的探测效果。为此必须突破前置光学系统传输矩阵精确求解技术难题。

面向不同偏振成像探测应用，都需要突破以上三项关键技术。例如，在进行复杂大气干扰环境下特殊目标探测时，我们发现，目标特性受环境干扰非常严重，需要采用轻巧、精密、同时、全偏振探测方案，干涉偏振成像满足以上条件，但原理所限，只能准单色成像，造成能量利用率低，无法满足应用需求。为此，必须开展宽波段干涉偏振成像探测技术攻关，下面以萨瓦板型宽波段干涉偏振成像技术为例，诠释关键技术的技术途径与实现效果。

4.4.2　典型范例：萨瓦板型宽波段干涉偏振成像技术

基于萨瓦板偏光器的干涉偏振成像仪的原理图如图 4-15 所示，系统由两块厚度为 $2t$ 的萨瓦板偏光器与夹在中间的一个光轴方向与 x 轴正方向夹角为 22.5°的半波片、一个透振方向与 x 轴正方向夹角为 45°的偏振片、一个焦距为 f 的成像透镜以及位于透镜焦平面上的焦平面阵列(FPA)组成。

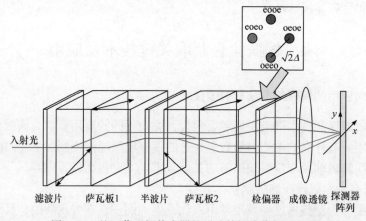

图 4-15　基于萨瓦板偏光器的干涉偏振成像仪原理图

由原理图可以看出，来自目标的反射光线在经过滤光片后变为准单色光，将其在 x 方向上的振幅记为 E_x，在 y 方向上的振幅记为 E_y。被萨瓦板偏光器 SP₁ 横向剪切为偏振方向沿水平方向的 oe 光和偏振方向沿竖直方向的 eo 光，二者存在大小为 $\sqrt{2}\Delta$ 的横向剪切量。经过半波片发生振动方向旋转后，再次被萨瓦板偏光器 SP₂ 分光为 4 束相干光，在成像透镜像平面 FPA 上形成强度分布为

$$
\begin{aligned}
I(x_i, y_i) = &\frac{1}{2}S_0(x_i, y_i) + \frac{1}{2}S_1(x_i, y_i)\cos\left[2\pi\Omega(x_i + y_i)\right] \\
&- \frac{1}{4}\left|S_{23}(x_i, y_i)\right|\cos\left\{2\pi\Omega(2x_i) + \arg\left[S_{23}(x_i, y_i)\right]\right\} \\
&+ \frac{1}{4}\left|S_{23}(x_i, y_i)\right|\cos\left\{2\pi\Omega(2x_i) - \arg\left[S_{23}(x_i, y_i)\right]\right\}
\end{aligned}
\tag{4.40}
$$

$$
\Omega = \frac{\Delta}{\lambda f}, \quad S_{23}(x_i, y_i) = S_2(x_i, y_i) + \mathrm{i}S_3(x_i, y_i)
$$

其中，Ω 为焦平面阵列上干涉条纹的频率。从该光强表达式可以看出：FPA 上的光强分布是表示入射光偏振态的 4 个 Stokes 参数 $S_0 \sim S_3$ 被调制之后的叠加，通过对 FPA 所采集到的干涉强度分布进行解调即可得到入射光的 Stokes 参数分布。通过解调，即可获得目标的 4 个 Stokes 偏振图像。

但是由干涉偏振成像系统原理所致只能单波长成像。我们分析了强度分布各参量对偏振成像效果的影响，发现载波频率是波长影响偏振成像性能的主要因素，是波长混叠的标志性参量。晶体双折射率在入射波长较大时受影响较小，取波长较大处的波段，其影响可以被进一步降低。

由于 Stokes 参量在空间频域的位移与载波频率 Ω 成正比，因而在系统参数 Δ、f 确定时，位移量与波长 λ 成反比，从而当复色光入射时就会出现通道混叠。使用复色光作为成像光源时，频域上的分布可表示为

$$
\begin{aligned}
F = \sum_{\Omega_i = \Omega_{\min}}^{\Omega_{\max}} &\{2L^2 S_0 \mathrm{sinc}(2\pi f_x L)\mathrm{sinc}(2\pi f_y L) \\
&+ L^2 S_1[\mathrm{sinc}2\pi L(f_x - \Omega_i)\mathrm{sinc}2\pi L(f_y - \Omega_i) \\
&+ \mathrm{sinc}2\pi L(f_x + \Omega_i)\mathrm{sinc}2\pi L(f_y + \Omega_i)] \\
&+ \frac{1}{2}L^2\left|S_{23}\right|\mathrm{sinc}(2\pi f_y L)[\mathrm{e}^{\mathrm{i}\arg S_{23}}\mathrm{sinc}2\pi L(f_x - 2\Omega_i) \\
&+ \mathrm{e}^{-\mathrm{i}\arg S_{23}}\mathrm{sinc}L2\pi(f_x + 2\Omega_i)] \\
&+ \frac{1}{2}L^2\left|S_{23}\right|\mathrm{sinc}(2\pi f_x L)[\mathrm{e}^{-\mathrm{i}\arg S_{23}}\mathrm{sinc}L2\pi(f_y + 2\Omega_i) \\
&+ \mathrm{e}^{\mathrm{i}\arg S_{23}}\mathrm{sinc}2\pi L(f_y - 2\Omega_i)]\}
\end{aligned}
\tag{4.41}
$$

上式表明，随着入射光频谱宽度的增加，各个波长对应的空间频率在空间频谱上呈现为 sinc 函数叠加的形式。

为了能够尽可能完整地截取出各个 Stokes 参量信息，必须保证各个通道 sinc 函数尽可能保持其主瓣信息的完整性。为此，根据瑞利判据，取通道内某一波长 sinc 函数的峰值恰好落在中心波长 sinc 函数的一级零点时，二者刚刚处于信号重叠的边界，定义该波长为中心波长对应的波段宽度的极限波长，两个一级零点所对应的极限波长的间隔称为极限波段宽度，该波段宽度表达式即为波段宽度判据。

对于 S_{23} 通道，其频域的频谱函数表达式 F_3 为

$$F_3 = A\mathcal{F}\left\{S_{23}\mathrm{sinc}2\pi L(f_x - 2\Omega_0)\mathrm{sinc}(2\pi f_y L)\right\} \tag{4.42}$$

其中，F_3 为 S_{23} 在空间频域上对应的信号函数表达式，A 为信号的振幅，$\mathcal{F}(S_{23})$ 为 S_{23} 的傅里叶变换形式。其中心波长一级零点满足 $2\pi L(2\Omega_0 - f_x) = \pm\pi$，对应的两个坐标为 $\left(2\Omega_0 \pm \dfrac{1}{2L}, 0\right)$，就此得到 S_{23} 对应极限波长分别为

$$\lambda_{\min} = \frac{2L\Delta}{4L\Omega_0 f + f}, \quad \lambda_{\max} = \frac{2L\Delta}{4L\Omega_0 f - f} \tag{4.43}$$

因而，S_{23} 对应极限波段宽度，即波段宽度限制判据为

$$\delta = \lambda_{\max} - \lambda_{\min} = \frac{4L\Delta}{16L^2\Omega_0^2 f - f} \tag{4.44}$$

再根据最大光程差 $D = \dfrac{2\Delta}{f}L$，S_{23} 对应判据表达式可改写为

$$\delta_{S23} = \frac{2D\lambda_0^2}{4D^2 - \lambda_0^2} \tag{4.45}$$

同理可得 S_1 通道对应判据表达式为

$$\delta_{S1} = \frac{4D\lambda_0^2}{4D^2 - \lambda_0^2} \tag{4.46}$$

综合式(4.45)和式(4.46)，由于 $\delta_{S23} < \delta_{S1}$，所以 $\Delta\lambda_{\max1}$ 对波段宽度限制最强。这样，最终限制干涉偏振成像系统的波段宽度判据表达式应为

$$\delta = \frac{2D\lambda_0^2}{4D^2 - \lambda_0^2} \tag{4.47}$$

为补偿干涉偏振成像中干涉现象造成的条纹混叠，得到宽波段的偏振成像系统，需要引入一个与波长正相关的色散剪切量。为此我们设计了一种色散补偿型萨瓦板型干涉偏振成像系统，其示意图如图 4-16 所示。

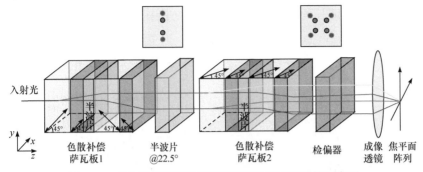

图 4-16 色散补偿萨瓦板型干涉偏振成像系统结构示意图

入射光携带有目标的偏振信息，进入偏振成像系统，经过第一块色散补偿萨瓦板时产生色散剪切量 $\Delta(\lambda)$，经过 22.5°放置的半波片，两束光的振动方向旋转 45°，进而在经过第二块色散补偿型萨瓦板时分别可以继续产生双折射效应，两束光分成了四束光。经过检偏器之后，振动方向一致，最后在成像透镜的作用下在焦平面上成像，并发生干涉，其成像公式为

$$
\begin{aligned}
I(x_i, y_i) = &\frac{1}{2} S_0(x_i, y_i) - \frac{1}{2} S_1(x_i, y_i) \cos\left[2\pi\Omega_{\text{DSP}} * x_i\right] \\
&+ \frac{1}{4}\left|S_{23}(x_i, y_i)\right|\cos\left\{2\pi\Omega_{\text{DSP}}(x_i + y_i) - \arg\left[S_{23}(x_i, y_i)\right]\right\}, \\
&- \frac{1}{4}\left|S_{23}(x_i, y_i)\right|\cos\left\{2\pi\Omega_{\text{DSP}}(x_i - y_i) + \arg\left[S_{23}(x_i, y_i)\right]\right\}
\end{aligned} \tag{4.48}
$$

其中，载波频率为

$$
\Omega = 2\left(\frac{n(\lambda)_{\text{o1}}^2 - n(\lambda)_{\text{e1}}^2}{n(\lambda)_{\text{o1}}^2 + n(\lambda)_{\text{e1}}^2} t_1 - \frac{n(\lambda)_{\text{o2}}^2 - n(\lambda)_{\text{e2}}^2}{n(\lambda)_{\text{o2}}^2 + n(\lambda)_{\text{e2}}^2} t_2\right) / \lambda f \tag{4.49}
$$

经过研究各个晶体的色散程度以及透光率、制作难度、组合效果，我们选择了钒酸钇(YVO₄)和氟化镁(MgF₂)分别作为改良型萨瓦板的材料，其中 YVO₄ 的双折射率为

$$
\begin{aligned}
n_{\text{o1}}^2(\lambda) &= 3.77834 + 0.069736 / (\lambda^2 - 0.04724) - 0.0108133\lambda^2 \\
n_{\text{e1}}^2(\lambda) &= 4.59905 + 0.110534 / (\lambda^2 - 0.04813) - 0.0122676\lambda^2
\end{aligned} \tag{4.50}
$$

MgF₂ 的双折射率为

$$
\begin{aligned}
n_{\text{o2}}^2(\lambda) &= 1 + \frac{0.48755708\lambda^2}{\lambda^2 - 0.04338408^2} + \frac{0.39875031\lambda^2}{\lambda^2 - 0.09461442^2} + \frac{2.3120353\lambda^2}{\lambda^2 - 23.793604^2} \\
n_{\text{e2}}^2(\lambda) &= 1 + \frac{0.41344023\lambda^2}{\lambda^2 - 0.03684262^2} + \frac{0.50497499\lambda^2}{\lambda^2 - 0.09076162^2} + \frac{2.4904862\lambda^2}{\lambda^2 - 23.771995^2}
\end{aligned} \tag{4.51}
$$

二者的系数与波长的关系如图 4-17 所示，其中上面曲线表示 MgF_2，下面曲线表示 YVO_4。

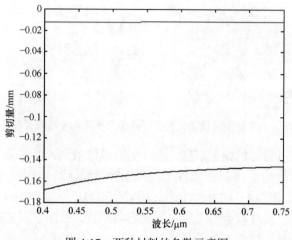

图 4-17　两种材料的色散示意图

其中，MgF_2 的色散现象基本不明显，作为萨瓦板的第一块晶体板和第三块晶体板，产生一个各个波长都相同的基底剪切量。而 YVO_4 的色散效果明显，可以产生较为明显的色散现象，则选作为第二块晶体板和第四块晶体板。其中半波片必须选择消色散的半波片。当考虑了波段判据的限制之后，在 256×256 的成像范围内，采样频率选择 4 像素每条纹时，其限制为 $\Delta\Omega = \dfrac{1}{L}$，经过测试研究，得到的结果为两种晶体板的厚度选择为 t_{MgF_2} 和 t_{YVO_4} 分别等于 5.97mm 和 92.7mm，波段宽度为 132nm，其中剪切量和载波频率随波长的变化如图 4-18 所示。

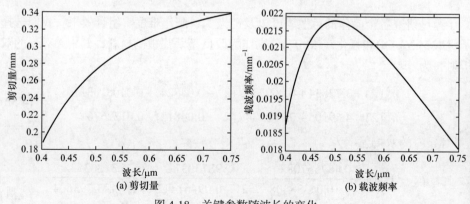

(a) 剪切量　　　　　　　　　　　　(b) 载波频率

图 4-18　关键参数随波长的变化

图 4-18(b)中横线为系统所允许的载波频率的极值，曲线为该结构的载波频率

与波长的关系曲线，可以看出，理论上该系统可以实现从 494nm 到 581nm 的波段宽度。

　　进一步，我们进行了模拟实验，得到如图 4-19 的结果，其中(a)表示相同的波段宽度用传统萨瓦板型偏振成像系统的成像结果，(b)表示使用色散补偿萨瓦板型偏振成像系统的成像结果。

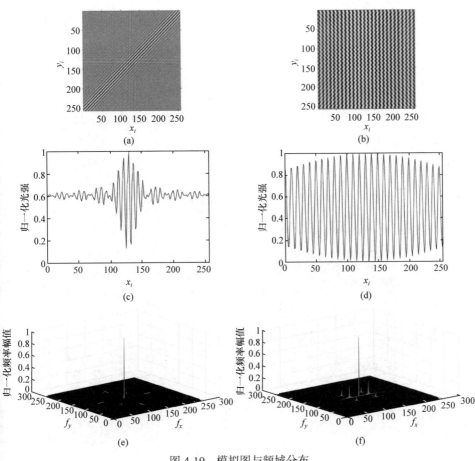

图 4-19　模拟图与频域分布

从上图中我们可以明显发现传统萨瓦板的成像效果(a)发生了明显的混叠现象，只有中心几个条纹比较明显，在边缘地带，条纹基本无法分辨，抽取了其中一行的光强分布，如图 4-19(c)所示，边缘地带的对比度已经不足 1%。同样的参数，使用色散补偿型萨瓦板，其成像结果有分布均匀的干涉条纹，其中一行的光强分布如图 4-19(d)所示，边缘的对比度高达 71.4%。为了进一步清楚地表示，我们对其进行傅里叶变换，得到了其频域表示：

$$\mathfrak{I}(f_x, f_y) = \mathcal{F}\{S_0(x,y) + S_1(x,y)C_1(x,y) + S_{23}(x,y)C_2(x,y)\}$$
$$= \mathcal{F}\{S_0(x,y)\} + \mathcal{F}\{S_1(x,y) \otimes \delta(f_x - \omega_{1x}, f_y - \omega_{1y}) \qquad (4.52)$$
$$+ \mathcal{F}\{S_2(x,y)\} \otimes \delta(f_x - \omega_{2x}, f_y - \omega_{2y})$$

其分布如图 4-19(e)和(f)所示，可以看到，其中传统萨瓦板的频域发生了严重的通道漂移，而色散补偿型并没有发生这种现象。

此外我们进行了解调复原，通过滤波选择各自的通道，进行傅里叶逆变换，得到其复原结果如图 4-20 所示。

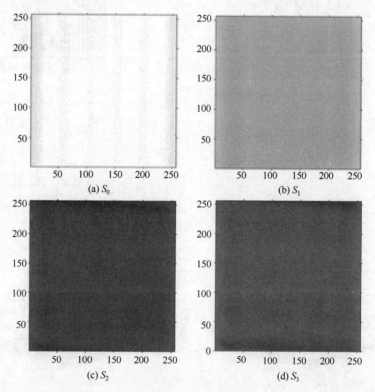

图 4-20　解调结果

根据均方误差表示方式

$$C_j = \sqrt{\frac{1}{NM} \sum_{x=1,y=1}^{N,M} [S_{j,\mathrm{mea}}(x_i, y_i) - S_{j,\mathrm{in}}(x_i, y_i)]^2}, \quad j = 0,1,2,3 \qquad (4.53)$$

对上述 4 个 Stokes 参量的复原进行了误差计算，分别为 0.0191、0.0153、0.0158 和 0.0184，可表明该系统的探测准确性。

4.5　偏振图像重构关键技术及应用

4.5.1　偏振图像重构关键技术

偏振成像探测装置获取的图像要经过预处理才能提取出有效信息,其有关关键技术介绍如下。

(1) 偏振信息解耦技术。偏振成像装置焦平面获取的图像首先要经过去噪、去直流等预处理,之后再根据偏振演化模型剥离传输介质对目标偏振特性的影响。

(2) 偏振图像重构技术。剥离介质影响后,要根据目标/背景偏振特性模型,结合图像处理办法重构偏振图像。

(3) 偏振信息解译技术。得到对比度优于传统成像的偏振图像之后,根据目标/背景特性数据库与模型库进行目标解译,为高精度识别目标提供支撑。

本节以基于偏振信息的目标三维重建为例,展示关键技术实现技术途径与实现效果。

4.5.2　基于偏振信息的目标三维重建技术

1. 基于偏振信息的目标三维重建简介

从 20 世纪 70 年代,国内外研究学者就开始探索利用偏振信息对物体表面形状进行恢复的技术——偏振三维成像技术,该技术是光学领域的一项新技术,它通过分析、建立物体表面反射光波的偏振特性与物体表面三维形貌特征之间的函数映射关系来实现空间物体三维形貌特征的高精度恢复,不但具有成像设备简单、性价比高、重建细节丰富的优点,且在保持拍摄的物体二维图像空间分辨率不变的情况下,物体的三维重建精度也保持不变[105-107]。

根据 Wolff[108]对不同物体表面反射光类型的分类(图 4-21),偏振三维成像可以分为基于镜面反射光的偏振三维成像技术和基于漫反射光的偏振三维成像技术[109]。

如图 4-22 和图 4-23 所示,在镜面反射条件下反射光的任意一个偏振度值都对应两个天顶角 θ,在镜面反射和漫反射条件下都存在出射光波透过偏振片的最大光强对应多个方位角 ϕ 的多值性问题[9,110]。针对不同的反射光类型,国内外学者提出了多种解决法线多值性问题的方案。但是利用该方法求解深度信息时,存在物体表面法线不确定性问题,该问题将直接导致表面凹凸性畸变问题。针对此问题,国内外学者分别展开了对法线不确定性问题的研究。

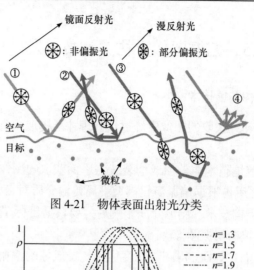

图 4-21　物体表面出射光分类

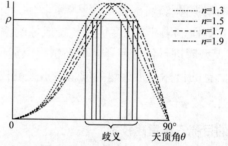

图 4-22　基于镜面反射光的偏振度与天顶角的多值性对应关系

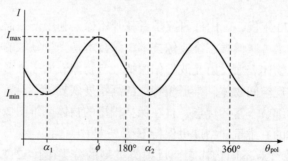

图 4-23　光强值随偏振片旋转角度的变化图

2. 基于镜面反射光的偏振三维成像技术

镜面反射光是指金属、透明玻璃等光滑物体表面的出射光,其具有高保偏特性。然而,利用镜面反射光进行偏振三维成像的过程中存在天顶角和方位角的多值性问题,这将直接导致重建的三维物体表面产生凹凸性畸变问题,以下是国内外研究人员对此展开的研究。

1) 旋转测量法

针对基于镜面反射光的偏振三维成像技术中的天顶角多值性问题,旋转测量

法首先假定物体表面是闭合、光滑且没有遮挡物的，进而依据偏振度的值将物体
表面分为了布儒斯特角-赤道区域(B-E)[111]、布儒斯特角-南极区域(B-N)和布儒斯特
角-布儒斯特角区域(B-B)，如图 4-24 所示。该方法分别寻找 B-E、B-N 两个区域
中物体边界像素点位置所对应的天顶角，并以此作为各区域内像素点的天顶角范
围临界值，将各像素点天顶角唯一得限定在 $0° < \theta < \theta_B$ 或 $\theta_B < \theta < 90°$ 范围内；而
对于 B-B 区域，则首先利用一阶微分对天顶角多值性问题求解的实验方式分别采
集物体旋转前后的偏振图像，如图 4-25 所示。再进一步求解物体表面反射光偏振
度的一阶微分来唯一确定天顶角。该方法彻底解决了天顶角的多值性问题，具有
较好的鲁棒性。

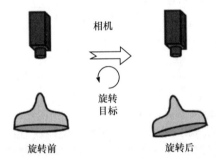

图 4-24　旋转前后物体的偏振信息采集示意图

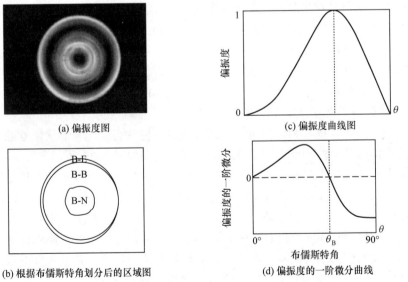

图 4-25　利用一阶微分对天顶角多值性问题求解

2) 可见光、远红外双波段测量法

可见光、远红外双波段相结合的测量法是确定天顶角值的另一种方法[112]。为

了探测到更有效的红外信息，在实验过程中，本方法将吹风机作为热源对物体表面进行加热，同时旋转红外偏振片采集了 36 张不同偏振相位角图像来实现远红外波段的物体的偏振度测量。如图 4-26 所示，在远红外波段，物体表面各像素点的偏振度与天顶角表现为一一对应，因此，该方法有效地解决了天顶角的多值性问题。

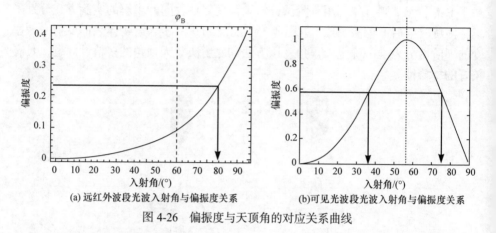

(a) 远红外波段光波入射角与偏振度关系　　　(b)可见光波段光波入射角与偏振度关系

图 4-26　偏振度与天顶角的对应关系曲线

3. 基于漫反射光的偏振三维成像技术

与镜面反射光对光源的强依赖性不同，物体表面的漫反射光更不易被探测到，且它更多地反映了物体的三维形状。基于漫反射光的偏振三维成像技术利用物体表面出射光中漫反射成分的弱偏振特性来实现三维成像，该技术对光源条件的要求较低，且不存在天顶角的不确定性问题。因此，多年来，国内外研究人员致力于解决漫反射偏振三维成像技术中的方位角模糊问题。

1) 偏振与光度立体视觉融合技术

采用光度立体视觉和偏振信息相结合来进行物体表面三维形状恢复的方法可解决方位角的多值性问题[9,113]，该方法的实验装置如图 4-27 所示[113]，该方法假定物体表面的反射光是漫反射光，首先利用菲涅耳公式估计准确的天顶角和模糊的方位角，之后利用三个不同位置的光源分别照射物体，分别获得三组灰度图像、相位角图像和偏振度图像，通过比较目标每个像素点的光强值确定每个像素点处的相位角。最后利用光强信息确定方位角的值，实现方位角的去模糊。利用该方法分别对表面较为平滑的陶瓷物体、轻微粗糙的塑料物体、苹果和橘子等不同材质的物体进行了三维成像实验，实验结果如图 4-28 所示[114]。

2) 偏振阴影恢复法

利用阴影信息作为辅助手段来对目标的表面形状进行恢复的方法，首先通过由阴影信息和偏振信息分别计算出两组模糊的方位角，进而通过寻找最小线性值法找到最优解，其实验结果如图 4-29 所示。

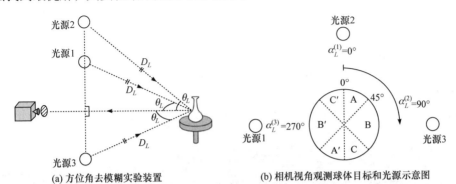

(a) 方位角去模糊实验装置　　　　　　(b) 相机视角观测球体目标和光源示意图

图 4-27　光度立体视觉技术的三维成像实验装置

(a) 物体的真实形状

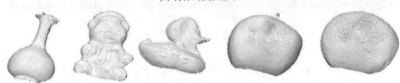

(b) 使用本方法的表面三维成像结果

图 4-28　基于光度立体视觉技术的三维成像结果[113]

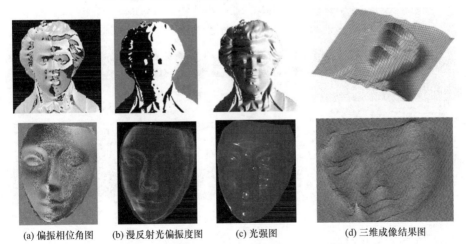

(a) 偏振相位角图　(b) 漫反射光偏振度图　(c) 光强图　(d) 三维成像结果图

图 4-29　结合阴影恢复法的偏振三维成像结果[115]

3) 偏振多目立体视觉观测法

偏振多目立体视觉法实现了室外自然光照环境下物体的三维感知与形状恢复。该方法通过不同的空间位置假设多台探测器并采集多个视角(大于或等于3)的目标图像信息，结合光度立体视觉技术，利用深度传播和优化算法绕过了偏振方位角的多值性问题，实现了物体表面纹理区域到无纹理区域的高精度恢复；同时，偏振多目立体视觉法可以适用于物体表面反射光同时包含镜面反射和漫反射的混合偏振模型中，实验流程和结果如图 4-30～图 4-32 所示。

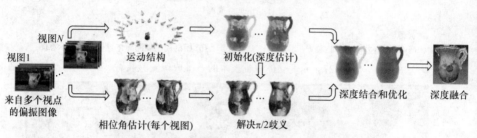

图 4-30　偏振多目立体视觉三维成像方法实验流程[116]

图 4-31　偏振多目立体视觉三维成像方法与其他方法的重建结果对比[116]

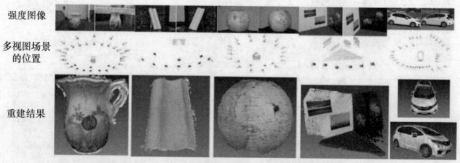

图 4-32　结合多目立体视觉法的偏振三维成像结果[116]

4) 偏振 Kinect 粗糙深度图法

融合由 Kinect 获取的粗糙深度图的偏振三维成像方法首次利用由偏振获得的

法线信息提升粗糙深度图的成像分辨率。有关实验装置由单反相机、线偏振片和 Kinect 深度传感器组成，如图 4-33 所示[117,118]。首先利用微软公司研制的 Kinect 深度传感器获取物体表面粗糙深度图，再结合由深度图获得的表面法线信息对偏振获得的表面法线信息进行校正以唯一地确定方位角，图 4-34 为其实验结果[117]。

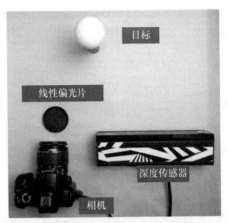

图 4-33　偏振 Kinect 粗糙深度图的实验装置

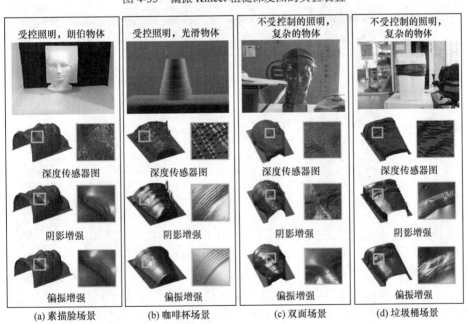

图 4-34　偏振 Kinect 粗糙深度图的三维成像结果[117]

5) 偏振近红外光波段法

近红外偏振三维成像的方法从不同颜色像素点的光强入手，通过分析各像素点的反射率引入权重因子 ω 对反射率进行校正，然后将校正后的光强图像代入法线梯度场中对方位角进行全局校正，从而获得真实的方位角信息。该方法的三维成像模型如图 4-35 所示，成像结果如图 4-36 所示[119]。

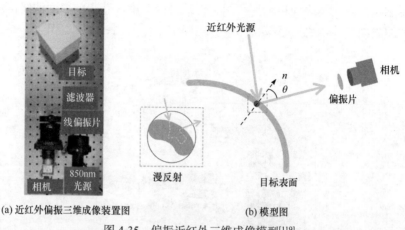

(a) 近红外偏振三维成像装置图　　　　　　　　　(b) 模型图

图 4-35　偏振近红外三维成像模型[119]

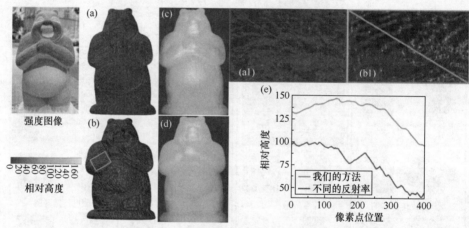

图 4-36　彩色卡通石膏目标的三维结果[119]

其中，图 4-36(a)为未校正反射率的三维重建结果；(b)为采用偏振+近红外三维方法的三维重建结果；(c)和(d)分别为图像(a)和(b)的相对高度值；(a1)、(b1)目标手臂区域三维形状放大约 10 倍的结果图；(e)为(a1)和(b1)像素的高度变化。

在偏振三维成像过程中，如何更高效、简便地消除天顶角和方位角多值性问题仍然是令各国学者深思的问题；此外，本书仅描述了镜面反射光和漫反射光单独存在情况下的偏振三维成像技术，而现实生活中物体表面的出射光中同时包含两种反射光的情况却更常见，因此，如何有效地分离两种出射光也是值得研究的问题，这些也是促进偏振三维成像技术继续走向实际、走向人类生活中的重要发展方向。

第 5 章　典型偏振成像探测技术应用

偏振成像探测技术已深入到日常生活、工业监测、环境与污染监测、资源探测、导航、生物医学与疾病诊断、云和气溶胶探测、军事侦察与探测等国计民生、国家安全的各个方面，得到了广泛的应用。

5.1　日常生活中的应用

日常生活中大多采用最简单的偏振选通成像，最常见的形式为偏光镜(简称 PL 镜)，它仅允许特定方向振动的光透过，而与其垂直方向振动的光则无法通过，就此可以滤除反射光线，避免眩目、刺目等现象的发生，增加图像反差。典型的如以下几种。

5.1.1　偏光眼镜

在日常生活中，我们的眼睛要接收各种的光线，如太阳光线、镜面反射光线、经过多次折射后的杂乱光线等，长时间接触强光和杂乱光线容易导致眩光、眼睛疲劳酸涩，甚至眩晕，存在一定的安全隐患。偏光眼镜的出现为该问题提供了有效的解决方案。

偏光眼镜是通过将眼镜镜片做成偏振片或在镜片表面增加偏振膜，形成的眼镜。由布儒斯特定律可知，水面和地面的反射光是偏振光或者部分偏振光，它们通过偏光镜时，非偏振方向的反射炫光就会被有效过滤掉，从而提高所见图像清晰度。很多情况下，采用专用偏光眼镜都可以取得满意的效果。

钓鱼时，水波在阳光的照耀下闪耀，导致钓鱼人受强光刺激而眼睛不适，难以观察立于水面的浮漂，更无法看清水面下的鱼。佩戴钓鱼偏光眼镜可以在滤除眩光的同时减弱光线强度，减少人眼的不适，同时使得浮漂、浅处的鱼甚至水底鹅卵石清晰可见，如图 5-1(a)所示。

滑雪时，雪地的强反射光造成人眼眩目，有时甚至导致雪盲，就像相机严重"过曝"。采用偏光滑雪镜可以滤除雪地反射的高亮白光，从而使目视感觉舒服，景物成像更加清晰，如图 5-1(b)所示。

驾车时，白天路面或建筑物玻璃反射的眩光会影响视线，戴上偏光眼镜可有效消除眩光，如图 5-1(c)所示；夜间会车时对向行驶车辆炫目的远光灯会晃眼而影响安全，如果将汽车灯罩和偏光镜均设计成斜 45°偏振镜片，则驾驶员只能看到自己汽车射出去的光，而对向远光灯的光可被有效滤除而不再晃眼。

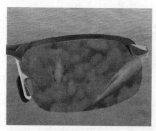  

(a) 钓鱼偏光镜　　　　　　　(b) 滑雪偏光镜　　　　　　　(c) 驾驶偏光镜

图 5-1　偏光眼镜效果

偏光眼镜选择是有技巧的。灰色或墨绿色偏光眼镜视物时，可保有最自然的原有色彩，是一般情况下很好的选择；淡红色或朱红色偏光镜可在眩光很强的情况下加深对比度及鲜明度，非常适合于钓鱼、水面及雪地使用；棕色或咖啡色偏光眼镜可以增强色彩，适合于驾车时使用；琥珀色、黄色或橘色偏光镜可以使得阴天时的视野变得清晰，不建议强烈阳光下使用。

在观看立体电影时，观众要戴上特制的 3D 眼镜。拍摄立体电影时，采用具有互相垂直偏振片的两个镜头，以人眼视角从两个不同方向同时拍摄景物的像，制作成两组胶片。放映时，采用两个放映机同步放映两组胶片，就会在银幕上形成略有差别的两幅图像。如果眼睛直接观看屏幕，画面是模糊不清的；如果戴上 3D 偏光眼镜观看，则左/右眼只能分别看到左/右放映机映出的画面，从而产生立体感觉。

目前观看 3D 电影主流偏振眼镜主要有三种类型。其中 iMax 3D 眼镜左右镜片偏振方向分别采用 0°和 90°的线偏振片，双机线偏光 3D 眼镜左右镜片偏振方向分别采用−45°和+45°的线偏振镜片，RealD 3D 眼镜则左右镜片分别采用左旋(L)和右旋(R)圆偏振镜片。

5.1.2　相机偏振镜

相机在拍摄水面、玻璃器皿、陈列橱柜、油漆表面、塑料等光滑表面物体时，同样会遇到耀斑或反光。此时需要在镜头前加装偏振镜，通过旋转偏振片找到最佳位置，使得有害眩光减至最小甚至消失，这样就可以拍摄出清晰的画面，如图 5-2 所示。

由于蓝天中存在大量偏振光，所以加用偏振镜以后，能够滤掉漫反射中的许多偏振光，从而压暗天空而提高色彩饱和度(图 5-3(a))，增加蓝天和白云之间的反差而突出白云，产生天更蓝、云更白的视觉感受(图 5-3(b))。偏振镜是灰色的，所以在黑白和彩色摄影中均可以使用。由于地物偏振度低于天空(有水面的除外)，相对于天空变暗的程度，地面变暗的程度比较小。

图 5-2　相机加偏光镜的去反光效果

(a)　　　　　　　　　　　　　　　(b)

图 5-3　相机加偏光镜后调节天空亮度效果

相机偏光镜分为线性偏光镜(LPL)和圆偏光镜(CPL)。LPL 主要用于老式手动对焦相机。在一些光线条件下，线性偏光镜有可能误导机内测光元件进行测光，因此数字相机和大多数自动对焦相机都使用圆偏光镜。

5.2　遥感探测中的应用

5.2.1　大气偏振遥感

气候变化是全球性重大问题，受到各国政府和科学界的重视。联合国从 1995 年起每年在世界不同地区轮换举行联合国气候变化大会(United Nations Climate Change Conference)。但对气候的变化认知还很有限，无法准确模拟过去的气候和预测未来的气候。这主要是因为，大气中的云、气溶胶和温室气体的含量变化会对地-气系统的辐射收支平衡产生影响，从而引起全球气候的变化；且云-辐射和气溶胶-辐射相互作用，使得气候变化研究具有很大的不确定性。

卫星遥感可以获取大面积、动态的观测数据，已成为监测大气环境不可替代的有效手段。相对于地基观测方式，卫星遥感技术在大气环境(如污染颗粒物、气溶胶光学厚度、PM2.5)的空间性和区域传输性监测方面具有明显优点，可提供大气污染物的宏观分布趋势、区域传输及源汇分布等，其难点是如何精确去除地表信号的影响。

大气中的云、气溶胶、分子与入射太阳辐射相互作用，除了可以散射和吸收入射辐射外，还可以使入射辐射发生偏振，导致反射辐射具有强偏振特性，而大多数陆地表面反射辐射具有弱偏振特性且其时空变化较小；同时偏振探测对波段变化、地表反射率等不敏感，因而相对于传统的卫星光学载荷(MODIS、MISR 等)，利用偏振信息可以有效地将大气和地表的贡献区分开，所以卫星偏振遥感技术在大气环境监测方面具有显著的优势，可在大气环境监测方面发挥重要作用。

在 20 世纪 80 年代末和 90 年代初,国际上首次提出了使用星载偏振探测器对气溶胶特性进行全球准确监测的迫切需要。到目前为止，一些轨道仪器已经可提供来自太空的偏振观测，如 POLDER-I、POLDER-II 和 POLDER/PARASOL 多角度多光谱偏振传感器提供的第一个也是最广泛的偏振观测数据。并且多家国际航天机构也规划在未来增加太空偏振探测任务，如 3MI/MetOp-SG、MAIA、SpexOne、HARP2 on PACE、MSIP/Aerosol-UA、MAP/Copernicus CO2 Monitoring 等。中国航天部门也已发射偏振成像探测仪 DPC/GF-5、MAI/TG-2、CAPI/TanSat、DPC/GF5B、POSP/GF5B。这些仪器的概念、设计、技术、方法及算法已经进行了多种机载原型的测试和分析。一些偏振探测功能也已在 GOME-2/MetOp 和 SGLI/GCOM-C 等卫星传感器中实现。

国内外空间机构近年规划的的偏振探测任务如下。

1) POLDER[120]

法国空间研究中心研制的 POLDER 载荷是第一个能真正实现商业化运行的大气偏振成像观测星载载荷，目前已经发展了三代，分别是搭载在 ADEOS-1 卫星上的 POLDER1，搭载在 ADEOS-2 卫星上的 POLDER2 以及搭载在 PARASOL 卫星上的 POLDER3 载荷。

POLDER 载荷设计有 9 个波段，其中 443、670 和 870nm 三个波段具有偏振测量功能(POLDER3 将 433nm 偏振通道改为 490nm)，通过装有转轮的滤光片和偏振片实现不同波段和不同偏振方向的切换。POLDER 幅宽约 2400km，星下点空间分辨率约为 6km×7km，能对同一个目标进行多角度观测，其中 POLDER3 最多的角度观测数为 16 个。多角度观测能为云和气溶胶反演提供更多有用的信息。

近年，EUMESAT 在 POLDER 探测器的基础上研制 3MI 仪器(图 5-4)，它设计有 9 个偏振通道和 5 个非偏通道，偏振测量通过偏振片旋转–60°、0°和+60°实

现，同时对于同一目标可获取 10 到 14 个角度的观测数据[52]。有效载荷将搭载于
2020~2040 年发射的第二代欧洲偏振气象卫星上。

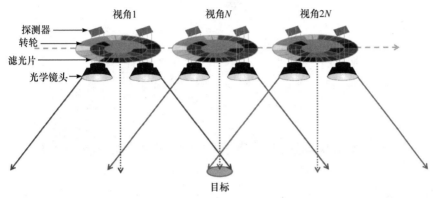

图 5-4　MI 观测示意图

2) DPC

中国科学院安徽光学精密机械研究所于 2006 年开始开展偏振遥感技术探测
大气的研究工作，成功研制了多角度偏振成像仪 DPC，其技术路线与法国的
POLDER 相似，实物如图 5-5 所示。

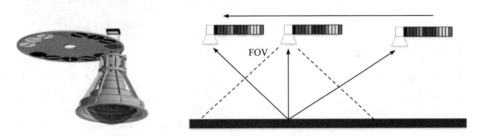

图 5-5　DPC/GF5 成像系统和多角度探测示意图

DPC 已经研制成功航空版和航天版两种型号。航空版具有 6 个波段，其中
490nm、665nm 和 865nm 是 3 个偏振波段(每个偏振波段对应 3 个通道)，加上测
量本底的 1 个通道，共计 13 个通道。它采用 1024×1024 的面阵 CCD 作为探测器，
视场范围为沿轨±60°、穿轨±60°，可以获取同一目标的多角度信息，在中山、青
岛和天津多次航飞实验效果良好。航天版的 DPC 具有 8 个波段，分别为 443nm、
490nm、555nm、670nm、763nm、765nm、865nm 和 910nm，其中 490nm、670nm
和 865nm 波段是偏振观测波段。它采用的 CCD 为 512×512，视场范围为沿轨±50°、
穿轨±50°，对同一目标可获取 9 个以上的观测角度数据。DPC 与 POLDER 一样
也是通过转动装在转轮上的滤光片和偏振片来获取多谱段信息和偏振信息。DPC
搭载我国 GF-5 号卫星发射为我国云和气溶胶探测提供了宝贵的数据。

　　图 5-6 为 DPC/GF5 于 2018 年 5 月 27 日偏振观测数据融合的伪彩色图。

图 5-6　DPC/GF5 获取的偏振伪彩色图

　　图 5-7 是 DPC/GF5 于 2018 年 5 月 29 日获得的冰岛以西海洋上空云图,图(a)为光学图,图(b)为该区域云的显著偏振特征,由于水云在 140°散射角附近的偏振效应,冰云无偏振效应,据此可区分冰云和水云,为云光学和微物理特性反演提供支持。

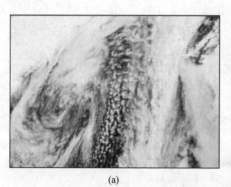
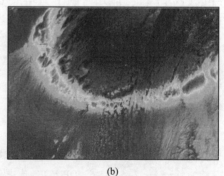

(a)　　　　　　　　　　　　　　　　　(b)

图 5-7　2018 年 5 月 29 日 DPC/GF5 观测到的冰岛以西海洋上空云图

　　图 5-8 是 DPC/GF5 于 2018 年 6 月 11 日获取的墨西哥西海岸飓风"巴德"图像,图(a)为光学图,图(b)为该飓风的云热力学相态分布图,可以看到飓风中心附近为冰云,边缘为水云,与飓风的云热力学相态分布规律一致,图 5-9 是 2018 年 10 月 2 日 DPC 在轨观测数据。

　　3) 其他有关研究

　　2005 年,安光所利用 PVF021 型光谱偏振辐射计 2 次测量大气气溶胶散射辐射的偏振数据,说明多次散射退偏作用导致其散射辐射总是部分偏振光,且偏振度随波长增加而减小,晴空无云时气溶胶偏振度随散射角增加呈上升趋势[121]。

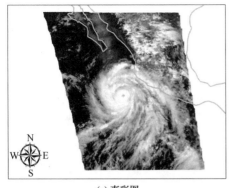
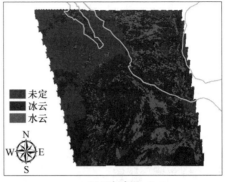

（a）真彩图　　　　　　　　　　　　　　（b）云相态图

图 5-8　2018 年 6 月 11 日 DPC/GF5 观测到的"巴德"飓风

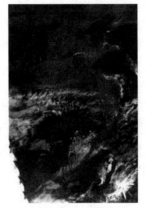

图 5-9　2018 年 10 月 2 日 DPC 在轨观测数据

2006 年，纽约大学城市学院建模测量分析了大西洋上空由撒哈拉沙漠产生的浮尘的复折射系数，发现沙漠浮尘的存在导致海洋表面颜色红移，偏振度随气溶胶厚度增加而减小，随观测天顶角增加而增加。

2007 年，北京航空航天大学[122]通过求解 Mueller 矩阵及偏振度，分析了波长 806nm 处散射光偏振度随气溶胶介质粒子数浓度的变化关系。中国科学院遥感应用研究所国家航天局航天遥感论证中心[123]在 865nm 波长处通过模拟分析结合卫星观测数据，提出可首先利用偏振反射率反演厚卷云长宽比，然后用总反射率信息和反演得到的冰晶粒子长宽比反演卷云光学厚度信息。

2009 年，北京航空航天大学[120,124]开发了一种 865nm 多角度总反射率和偏振反射率联合反演气溶胶光学参数的算法，通过构建查找表实现了气溶胶光学特性参数和地表反射率的同时反演，定性分析了折射指数和粒子有效半径的空间分布规律。还使用 CALIPSO 卫星数据，对大气气溶胶等的后向散射特性进行了去偏振度计算及分析，说明利用目标的后向散射去偏振度信息能够很好地表征大气气溶胶的构成种类、目标特征、垂直高度分布特征。

2010 年，合肥工业大学分析了大气中散射光偏振模式分布产生机理，搭建偏振成像系统检测天空中散射光偏振特性，与仿真结果比较说明该法可较为有效地反演大气的部分物理参数。大连理工大学建模处理分析了不同湿度、污染指数和云层等气象因素下 450～475nm 与 435～470nm 波段天空散射光偏振特性，结果表明：天空散射光偏振分布特性在太阳可见天气下与瑞利散射模型基本吻合，但阴天差别明显。

5.2.2　地物偏振遥感

在对地遥感中，反射光偏振状态的测量可为分辨不同的地表形态提供有用的附加信息，将偏振测量引入遥感所获得的信息，会比单纯测量光的强度要丰富得多。地表的偏振光辐射主要在以下两种情况下产生：一是地球到大气系统中辐射传输过程的偏振效应，主要是受到大气分子、气溶胶及云层反射及散射的影响。二是地球表面的反射所造成的偏振，其特性取决于其表面的固有属性，如结构特征、介质特性、粗糙度等条件。

20 世纪 80 年代，美国开始开展偏振遥感对地观测及应用基础研究，研制了可以成像观测的偏振双相机系统，并由美国航空航天局(NASA)先后六次将其放在 "Discovery" 号航天飞机上进行对地偏振成像观测试验。RSP(research scanning polarimeter)是美国研制的星载偏振遥感探测器 APS(aerosol polarimetry sensor)的原型样机，提供 9 个光谱偏振通道，通过对航天飞行试验获取的扫描偏振数据预处理后得到的稳定的多角度、多波段偏振探测信息分析，可以得到植被的光学特性和微物理特性[125]。以植被密集区、植被稀疏区(接近裸地)为研究对象，根据仪器飞行时姿态信息进行配准，对比分析了可见光波段和近红外波段在−30°～65° 观测天顶角下的强度反射特性和偏振反射特性。

1984 年，美国加利福尼亚大学圣迭戈分校研究了不同生长期农作物的偏振反射特性，发现利用线偏振可有效识别农作物种类与生长时期。

1985 年，美国普渡大学报道了一种 6 波段偏振光度计，在布儒斯特角附近可快速确定单片叶的反射特性、偏振特性和漫反射特性，利于人们加深对植被冠层辐射传输过程的理解。

1986 年，英国谢菲尔德大学研究总结了偏振用于地物遥感的应用价值，给出了矿石、土壤、植被、水和油的实验室及室外偏振特性测量结果。

1999 年，美国空军研究实验室展示了 8-bit 偏振相机所获得的图像，得到了传统强度图像之外的附加线偏振信息；2007 年，他们又分别使用普通民用相机及 Polariod HN38 偏光镜构建了线偏振照相系统，对不同物体进行偏振特性测量。

我国在该方面起步较晚，但进步较快。

2002 年，东北师范大学赵云升小组[126-130]开展了岩石偏振特性数据库建立和岩石类型识别研究，并于 2004 年与北京大学合作利用中国科学院长春光学精密机械与物理研究所的双波段(A 波段 630～690nm、B 波段 760～1100nm)二向色性测试装置测量了多种岩石的偏振反射特性和土壤在 2π 空间内的多角度偏振反射光谱特征，总结了多个影响因子与偏振反射比间的关系；2005 年又论证了利用多角度偏振光谱技术推测月球表面岩石密度和复杂岩石折射率等月球探测应用的可能性[131]。

2005 年，中国科学院上海技术物理研究所采用自研 6 波段卷云计，从观测角和波长两方面研究人造目标/自然背景的偏振反射特性，证实人工物体表面偏振度普遍较大，而自然背景很低，利于目标识别。

2007 年，东北师范大学与中国科学院东北地理与农业生态研究所合作，利用双波段二向色性仪测量太阳辐射高度角下湿度为 28%、粒径为 1 mm 的黑土散射光的偏振特性，表明布儒斯特角处偏振度最大。北京航空航天大学通过建立混合目标模型，得到混合比与偏振度和归一化偏振度之间的关系，并给出反演结果。西北工业大学将地物光谱偏振信息与空间信息结合，进行光谱偏振图像反演分类处理，直观反映了物质偏振特性。

2007 年，北京航空航天大学和空间技术研究院通过建立混合目标模型，得到混合比与其偏振度和归一化偏振度之间的关系，并给出反演结果。

2007 年，西北工业大学潘泉小组[133]将地物光谱偏振信息与空间信息结合，进行光谱偏振图像反演分类处理，直观反映了物质偏振特性；2008 年，他们利用液晶位相延迟器和液晶可调滤波片组建的偏振光谱成像系统(美国 OKSI 公司)进行了增强目标探测能力尝试。

2008 年，北京航空航天大学[134]分析了 808nm 波长处表面散射和体散射对目标偏振度的影响，将偏振度与编码技术相结合用于目标后向散射光偏振成像，实现了目标识别。

2010 年，中国科学院安徽光学精密机械研究所[132]在此基础上，从探测角与偏振特性的关系反演土壤湿度，发现低植被土壤表面散射光的偏振度与土壤湿度近似成正比。

东北师范大学[135]在地物偏振遥感方面开展了系列工作。2010 年，从多角度偏振反射入手，研究多种因素对雪反射光的偏振特性的影响，证实雪污染情况对雪的偏振反射光谱影响最为显著；2012 年，分析了水生植物与水体混合像元的偏振特性；2013 年，分析了植被与土壤混合像元的偏振高光谱特征；2015 年，通过对吉林省西部典型盐渍化土壤偏振特性的研究，证实了其与理化属性参数的相关性，此项研究对后续的盐渍化土壤表面反射机理分析，盐渍化土壤目标与背景的识别、分类，土壤偏振传感器的研制，偏振光遥感信息的利用以及定量遥感的发展均具有重大理论意义。

偏振探测作为一种新型遥感技术，是对传统光谱遥感探测的有益补充，为目标遥感探测提供更丰富的信息。用地物偏振光谱仪实验测量，分析土壤湿度与偏振光谱的相关性，同时研究不同观测角下的土壤表面反射光偏振光谱特性。结果表明：在土壤湿度较高的情况下，偏振光谱与土壤湿度具有一定的相关性，尤其在 500～700nm 波段，湿度与偏振度成正比；低湿度的情况下，偏振光谱与土壤湿度相关性不明显；此外，不同观测角对偏振光谱也有影响，如入射角固定为 50°，观测角在 20°～60°区间测量时，偏振度随观测角增大而增大，且观测角越大，偏振度随湿度的变化越显著[132]。

Fitch 对不同生长期农作物的偏振反射进行了研究，发现利用线偏振可以有效地识别农作物种类的区分与作物生长时期。Vanderbilt 等报道了一种有 6 个波段的偏振光度计，在接近布儒斯特角可以快速地确定单片叶的反射特性、偏振特性和漫反射性质。该设备被用来增加对植被冠层辐射传输过程的理解[136]。Rondeaux 等对玉米和大豆冠层进行了偏振测量，根据菲涅耳方程判断叶片的镜面反射光与作物冠层的结构和物候条件有关这样一种假设建立简单的偏振反射模型，这种假设在以后的研究中被证实。Breon 等测量了不同地表类型的偏振反射，建立了基于物理的分析模型，一个是对应干燥土壤，一个是比较直观的植被覆盖。这两个模型都表明，镜面反射是自然表面产生偏振特性的主要原因[137]。

利用偏振遥感可以获取倒伏玉米的反射光中包含的偏振信息，利用偏振信息可以为区分倒伏区域提供依据，这为利用遥感技术确定受灾范围与计算损失产量提供了依据。正确评价土壤盐渍化对地区农业生产与生态环境具有重要意义。土壤线对土壤盐渍化程度具有一定的指示作用，但在不同角度下观察获得的土壤光谱特征会发生变化，土壤线的参数值也会随之变化。依据以实验室测定的盐渍化土壤多角度偏振高光谱反射率，分析并确定土壤盐渍化程度与土壤线参数之间的关系，初步探求在偏振反射条件下土壤线最佳的获取方式，这将会对评价土壤盐渍化提供有效的技术手段。

5.2.3　仿生偏振导航

大气偏振效应不仅可应用于高分辨率定量遥感，其偏振模式场还可作为偏振导航的信息源。就此，人们在对大气偏振模式场认识的基础上，模仿自然界昆虫(如沙蚁、蝗虫)通过检测天空偏振光进行导航的原理，发展了仿生偏振导航。这是一种新型的自主性导航方法，具有隐蔽性好、抗干扰性强、导航误差不随时间积累、易于集成和小型化等优点，具有重要的研究意义和应用价值。

人们对于天空光偏振现象的研究始于 19 世纪初期。法国物理学家 Arago (1786—1853)在 1809 年首次发现太阳光经过大气层后偏振状态会发生改变，并认为其由大气层中的散射现象引起；其后的 Babinet(1794—1872)、Brewster、Coulsont

等研究者扩展了天空光偏振理论；Wheatstone(1802—1875)在 1848 年建立了关于太阳的偏振理论；Rayleigh(1842—1919)在 1870 年提出散射体半径远小于光波长的瑞利散射理论，解释了天空中的偏振现象；1908 年，德国物理学家 Mie 在此基础上进一步研究了当散射体半径与光波长相当时的散射现象，提出了米散射模型。随着大气散射理论的不断完善和偏振测试仪器的快速发展，各国研究人员对大气偏振模式场的测量和分析也更加系统和深入。1997 年，美国米亚米大学 Voss 等利用鱼眼镜头、CCD 感光器件和滤光片设计了一种时序全天域偏振测量系统；1999 年，瑞士苏黎世大学联合芬兰奥卢大学用全天空成像偏振器测定了芬兰北部郊区夏季天空的偏振模式及其中性点，为仿生偏振导航奠定了理论基础。

利用偏振光进行导航的研究始于生物学家对自然界中一些生物的行为学研究。生物学家研究发现，经过 35 亿年的进化，多种昆虫、迁徙鸟类、某些两栖类、爬行类及哺乳类中的蝙蝠都进化出了感知天空偏振光方位角并将其用于导航的奇异能力，以帮助其完成觅食、归巢及迁徙等行为。1949 年，Frisch[138]发现蜜蜂可利用天空紫外偏振光进行导航，其后沙蚁、蟋蟀、蝗虫、蝴蝶甚至夜行性蜣螂等昆虫的偏振光导航能力也被陆续发现。例如，狼蛛、北美大花蝶可以在白天使用太阳发出的紫外偏振光进行导航，非洲粪金龟甚至可以使用弱得多的月光偏振光进行导航使自己沿直线行走。

在此启发下，人们开始了模仿生物的偏振敏感神经元研究，并将其用于偏振导航相关研究。到了 21 世纪，偏振导航技术有了实质性进展。

2000 年，瑞士苏黎世理工大学的 Lambrinos 等模仿沙蚁复眼中的偏振敏感神经元，利用机器人搭载偏振传感和解算系统进行了自主导航实验[139]。实验中机器人角度导航误差仅有 0.23°，初步验证了偏振导航的可行性。2011 年，德国比勒费尔德大学的 Buras 等研制了可见-紫外双通道仿生天球偏振成像仪，如图 5-10 所示，采用凸面铝镜加紫外镜头和旋转偏振片来获得全天景的大气偏振模式，用于验证大气偏振罗盘的紫外偏振成像，以克服复杂天气条件干扰。

我国一批专家在空间偏振模式场及仿生偏振导航方面也取得了系列成果。2010 年，大连理工大学褚金奎等设计了点源式天空散射光偏振检测系统(如图 5-11 所示)，其中参考了 Sahabot 移动机器人上的偏振光装置(如图 5-12 所示)。2011 年，合肥工业大学的田柳等在分析了瑞利散射模型下的整个天空偏振角分布模式的情况后，从天空偏振模式场分布关于太阳子午线反对称的这一显著特征入手，提出了通过对称分析法拟合太阳子午线方向，进而确定航向角的方法。2015 年，国防科技大学的胡小平等搭建了一套由分焦平面偏振相机、鱼眼镜头、线偏振片组成的偏振光检测装置，对天空偏振模式的测量数据采用最小二乘估计法进行处理，得到了较高精度的偏振方位角。2015 年，中北大学[140]的王晨光等遵循全域探

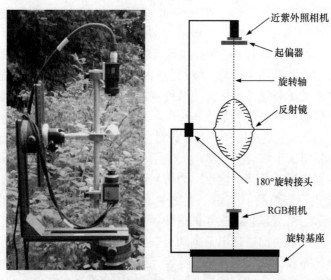

图 5-10　可见-紫外双通道仿生天球偏振成像仪及其光学结构

测、局部利用的原则，提出"利用沿着太阳子午线方向的 *E* 矢量垂直于太阳子午线"这一规律来提取全天域大气偏振模式中的有效导航信息区域，以实现偏振导航的方案。上述技术手段各有优势，但都建立在瑞利散射模型的基础上，对晴朗天气条件及天空视场条件要求较高，尚无法实现复杂情况下大气观测及导航。

图 5-11　偏振导航传感器

图 5-12　自主导航机器人 Sahabot2

　　2017 年，北京航空航天大学的 Zhang 等[141]基于倍加累加法的辐射传输模型和 *T* 矩阵法计算粒子散射特性，建立了天空光偏振模型，能够比较准确地模拟不同气候条件下的全天域天空光的偏振分布模式。2021 年，南京理工大学的刘贝[142]设计了一种基于软边缘支持向量机的仿生导航方法，通过图像分割、连通分量检测及反演运算将航向确定问题转化为二值分类问题，能有效抑制多云条件干扰。2021 年，北京理工大学的李磊磊等通过对自然图像相似性的研究，设计了一种基于局部大气修复的偏振导航方法，采集局部大气信息进行解算，实现小视场条件下航向信息获取，同时采用块匹配式修复模型对视野中存在遮挡时的图像缺失部分进行修复，扩展了偏振导航模型的应用场景。

经过将近十年的努力，我国仿生偏振导航技术在基础研究、关键技术、应用研究等方面都取得了长足进步。整体来看，国内外仿生偏振导航技术研究水平相当，但国外在工程化方面有明显优势。最终仿生偏振导航技术将应用于车载导航、卫星导航、水下导航、机器人导航等重要的领域。

5.3　生物医学与疾病诊断中的应用

光学检测方法具有非侵入、低损伤、非接触、环境友好、信息丰富等特点，通过各种光与复杂生物物质的相互作用可以获得生物体微观结构和生命活动的信息。偏振光学方法可以降低来自深层组织经过多次散射退偏光子的干扰，提高来自浅表层组织部分保偏光成像的对比度和空间分辨率。并且，偏振光散射成像能提供生物组织更加丰富的信息[143]，根据偏振光在样品中透射、反射、散射、吸收等过程中偏振态的变化获取样品微观结构和光学特征信息。当用斯托克斯矢量(Stokes vector)描述光的偏振态时，4×4 偏振变换矩阵即缪勒矩阵(Mueller matrix)可以用来完备表征偏振光与被测量样品的相互作用，其第 1 个矩阵元 m_{11} 代表非偏振成像结果，其他 15 幅矩阵元图像代表样品的偏振属性，从中可以反演得到样本的微观结构，特别是细胞和亚细胞层次的结构信息和光学特性，如细胞核和各种细胞器的密度、形态、吸收、双折射等信息。并且 Mueller 矩阵所包含的偏振变换信息是完备的，不同阵元强烈关联，相互补充。由此可见，Mueller 矩阵成像和检测方法能够提供远大于常规光学方法的信息，从而有效表征复杂生物组织的特征。可通过在已有的非偏振光学检测设备光路中增加偏振器件而实现偏振调制和测量，将显微镜、内窥镜等成熟的光学检测设备直接升级为偏振测量装置用于病理诊断(图 5-13)。前期研究已证实，通过与病理显微成像相结合，全偏振 Mueller 矩阵成像方法具备对不同病理组织进行细致分类甚至非标记定量检测的潜力。例如，克罗恩病和肠腔结核这两种临床表现极为类似的炎症性肠病可通过肉芽肿周边纤维分布的不同来区分[144]。

近年来多种恶性肿瘤等疾病发病率呈现出日益上升趋势，发展新方法以提升医学诊断与治疗的精准度与治愈率非常重要。个体化精准诊疗技术能极大降低肿瘤病患的死亡率，提高生存质量，同时减轻个人、家庭和社会负担。据统计 2020年全球新发癌症病例 1929 万例，其中我国新发癌症 457 万人，占全球 23.7%，癌症新发人数远超世界其他国家。我国在《健康中国行动——癌症防治实施方案(2019—2022 年)》中明确提出实施八个重大行动，其中早诊早治推广行动是八大行动之一。近年来得益于大规模生物数据库的建立(如人类基因组测序)、高通量组学的发展(如蛋白组学、代谢组学等)、各种检测手段特别是光学检测手段的兴起，以及计算和分析大规模数据的发展，精准治疗飞速发展。

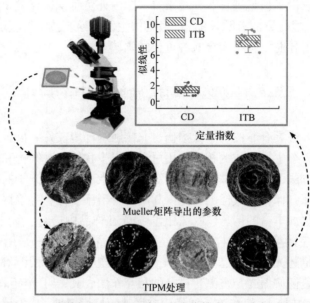

图 5-13　　全偏振 Mueller 矩阵显微成像技术用于病例诊断[144]

目前针对恶性肿瘤的诊断主要依赖于影像学和病理学，而其中针对组织的染色图像进行病理学分析是最终确诊的金标准。随着精准医疗概念的发展和相关细胞内相互作用过程的新发现，事实上在亚细胞层次(细胞器)等的结构变化也将为精确诊断提供重要辅助。目前精准诊疗对肿瘤早期诊断、微创手术术中监测等提出了越来越高的需求。而偏振散射等光学方法具有无标记、无损伤的特点，能够提高浅表层组织成像图像质量，并提供更加丰富的生物组织微观结构特别是亚波长微观结构的信息，从而解决微观结构特征的活体动态精确定量测量时的瓶颈问题。利用偏振成像可以对几十到几百微米范围内浅层组织，如消化道内腔表层组织的微观结构实现无标记、多参数、定量测量，不需要通过染色等操作即可突出显示特定微观结构。将偏振成像技术与内窥成像系统结合，可以针对器官内腔充分发挥偏振方法对浅层组织中特异性微观结构进行高分辨、高对比度成像的特点，在上皮组织中发现微小病灶，有望成为肿瘤早期在体诊断的有力工具。通过发展光学精准诊疗技术，研究依托于新型光学方法的数字病理学，进而开发基于偏振技术的内窥等光学成像技术和相应的图像定量分析方法，将促使偏振光学技术从基础研究成果走向早期检测与精准诊断临床应用。

5.3.1　Mueller 矩阵偏振显微成像在病理诊断中的应用

目前病理学已经进入数字病理时代。随着肿瘤发病率逐年上升和病理科工作量不断递增，未来对数字病理的需求巨大。我国病理诊断面临着医疗资源分布不均、医生数量严重缺乏、水平参差不齐等问题。数字病理可有效提高病理诊断的质量和效率，缓解病理科的发展困境。在数字病理中，数字化切片形成的数据集与人工智能等新兴的计算机分析手段相结合后，将会产生大量定量评估指标，帮助病理医生作出快速、准确、重复性高的病理诊断。目前深度学习等人工智能算法大大推动了病理图像自动诊断的发展，在一定程度上减少了病理医师经验性误判导致的误诊情况，提高了工作效率。人工智能不仅能够用于病理形态数据的分析，还可以整合免疫组织化学、分子检测数据和临床信息，为患者提供预先信息和精准的药物治疗指导。目前的人工智能技术在诊断标准非常明确的问题上，通过向病理学家不断学习可以有足够好的表现。

然而，由于病理样本个体差异大，训练金标准数量不足并且质量参差不齐，在一些诊断标准不够明确、病理图像背景复杂的疾病上，目前基于深度学习的图像分析技术的准确率还有待提高，亟待能提供更多信息的新型光学成像检测手段的加入以提升诊断准确率。传统的病理诊断方法依赖不同染色方法突出病变组织的微观结构特征，并通过观察这些特征让病理医生做出相应的诊断。而包括偏振在内的多种新的光学成像手段的出现，为病理组织的快速、无标记、定量成像提供了可能。将 Mueller 矩阵偏振成像方法与传统病理显微镜结合，能够记录组织微观结构所引起的入射光偏振状态的细微改变，并以 Mueller 矩阵的形式数字化输出病变组织的偏振数据。利用机器学习和人工智能等方法，以传统人工病理诊断作为金标准进行训练，可以寻找到基于染色的各种微观结构特征与偏振特征之间的关联，为辅助临床诊断提供更丰富的信息。

偏振成像的一大特点是偏振图像中每一个像素点都反映了实际生物组织对应位置的偏振特性，都是具有实际物理意义的数据。通过对偏振图像中像素点的偏振特征进行聚类分析，并利用大数据等方法对偏振特征进行有效组合，形成特异性参数，可以表征病理样本病变特征所对应的微观结构特性，例如细胞核和各种细胞器的形态特征，吸收、双折射等光学性质的信息，从而实现对生物组织特异性识别。同时，偏振成像也是高维度图像数据，可以利用图像处理的方法，针对凸显微观结构特征的不同偏振参量所形成的图像，进一步用数字病理技术进行处理，如图像分割和图像组学分析，达到对目标区域的区分识别效果。将偏振特征和图像特征结合起来，同时运用机器学习方法寻找针对具体病理特征的特异性参数，可以进一步发挥偏振数据本身信息量大的特点，丰富地扩充偏振成像的表征能力，从而实现对组织样品不同微观结构的全方位偏振表征，进而实现对不同病理结构区分的目标[145](图 5-14)。由于偏振数据包含更加丰富的微观结构信息，包括普通光学成像方法难以获得的亚波长尺度信息，利用无监督机器学习方法，可以凸显一些隐藏在偏振数据中的传统病理诊断方法难以显示的重要微观结构特征，为病理医生提供更多的病变特征信息，帮助医生提升诊断的准确率，并减轻医生的工作强度。

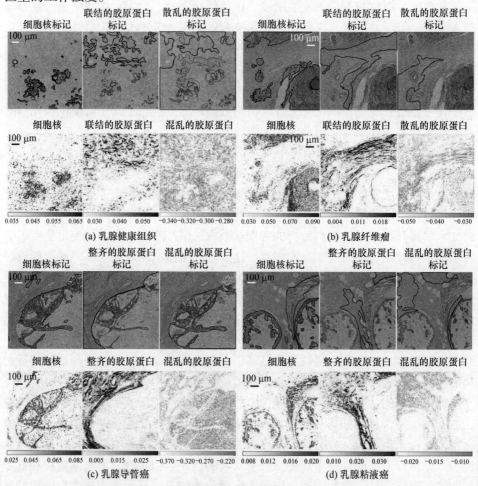

图 5-14　典型乳腺组织中病理结构的定量表征[145]

随着偏振光学成像方法研究的快速发展，其已经在生物医学等领域显示出很好的应用前景。从 21 世纪开始，包括 Mueller 矩阵成像在内的偏振光成像方法已被运用在皮肤癌[146,147]、肠癌[148-150]、口腔癌[151]、宫颈癌[152,153]、胃癌[154]、乳腺癌[74,155,156]、甲状腺癌[157]以及肝癌[158,159]等检测及辅助手术当中。如前文所述，偏振成像与检测技术可以抑制来自深层组织的扩散光子对图像的影响，提升浅层组织的成像质量；同时，对散射光子偏振态的测量与分析可以获取散射组织的微观结构信息。由于以上两个特点，偏振光成像与检测技术在生物医学领域得到越来越多的应用，如获取有关浅层组织细胞核大小、密度和形态等组织病理学中的关键参数。从 2004 年开始，清华大学开始偏振成像方法及其应用研究，利用 Mueller 矩阵全偏振成像系统，针对包括多种样品进行了测量和数据分析，获得了一批实验数据和特异性偏振参量，并根据不同应用场景，在商业显微镜的基础上开发了一系列具有快速成像能力的透射和反射全偏振 Mueller 矩阵显微镜，可以分别用于病理组织切片前向全偏振成像和厚组织背向全偏振成像。目前透射式 Mueller 矩阵显微镜已经被用于多种人体病理组织切片的成像，结果显示出 Mueller 矩阵参数获取病变组织结构特征的能力。图 5-15 显示了不同病变组织偏振参数的成像结果，表明偏振可以显示异常组织和正常组织的差别。

　　将偏振技术与显微镜结合的研究已有多年历史，早期多为基于正交偏振光的简单显微镜系统。Oldenbourg 将用波片调制偏振态的方法与显微镜系统结合，构建了对透明样本进行双折射成像的偏振显微镜系统[160]。Arteaga 等将显微成像系统与 Mueller 矩阵测量方法相结合，搭建了分立式偏振显微成像装置[161]。目前，市场上除了一般的正交偏振光显微镜外，还有数类基于 Oldenbourg 方法的双折射成像的商用系统，如通用型 Abrio 和进行卵母细胞成像的 OSight，它们都采用两个液晶波片来调制光的偏振态，利用四次测量来计算双折射样品的相位延迟特征。此外 Hinds 公司也推出了利用光弹晶体进行快速偏振调制的高灵敏 Exicor Microimager 偏振光显微成像系统，并可以定制 Mueller 矩阵成像系统。目前，还没有能够对一般的生物组织等高散射、带有明显退偏效应样品的 Mueller 矩阵显微镜商业产品，因而基于 Mueller 矩阵的偏振显微系统的开发具有很好的应用前景[78,158,162]。

　　尽管 Mueller 矩阵包含样本丰富的微观结构信息，但单个阵元往往并不能与特定微观结构对应，实际应用中直接采用 Mueller 阵元并不方便。为了解决这一问题，人们提出了一系列算法，将 Mueller 矩阵转化为具有明确物理意义、对应特定微观结构的特异性参量。如 Lu-Chipman 等提出的 Mueller 矩阵极化分解方法，可以获得介质的二向色性、相位延迟和散射退偏等物理特性[163]，被广泛用于不同病变的定量成像及检测[63-66]。此外还有一系列其他从 Mueller 矩阵获得偏振特征量的方法，如 Mueller 矩阵变换[164-166]，该方法可获得与样本放置方位角无关的旋转不变量，以及频率分布直方图、中心距等统计参数[167]。这些偏振参数往往与样品物理特征有更加直接的联系，从相应参数的空间分布可以获得样本微观结构等物理特征信息，可以通过建立理想的偏振光散射物理模型，对实际生物组织的复杂结构进行解释[168,169]。同时，这些偏振参数也可以作为基底函数，进一步组成新的特异性偏振参量，定量表征病理特征，实现精确定量诊断和细微

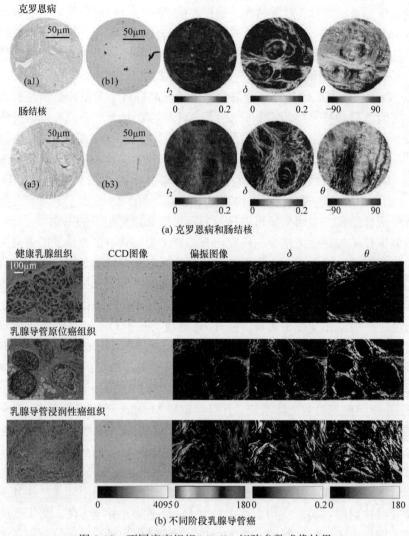

(a) 克罗恩病和肠结核

(b) 不同阶段乳腺导管癌

图 5-15　不同病变组织 Mueller 矩阵参数成像结果

结构区分。随着越来越多的研究开始利用机器学习对复杂样品 Mueller 矩阵进行数据分析和特征提取，用互信息等方法判定不同偏振量对样本微观结构特征分类的敏感度，以及利用偏振基底函数对病变组织进行特征分类或组合成新的特异性偏振量并用于病理诊断[170]，Mueller 矩阵偏振显微成像近年来发展迅速，已经开始展露出诱人的应用潜力，一种基于偏振成像实现病理识别的医学体系正逐步显现。

5.3.2　Mueller 矩阵偏振显微成像在体成像中的应用

肿瘤病理学研究显示：85% 以上的肿瘤原发于浅表上皮组织[171]。在肿瘤的发生与发展过程中，组织微观结构特征会发生相应的变化，例如分化能力异常导致的细胞形态异常，细胞核体积的增大，细胞过度增殖导致的细胞密度的增大，以及相应癌变组织应力及信号分子条件下细胞外基质中纤维化程度的提高和血管形态与数量的变化等[172]。这些微观结构的变化都可以在偏振光散射过程中有所反映。然而穿透能力不足是光学方法应用于医学在体成像的主要障碍，内窥镜系统可以突破这种限制，直接观察人体器官内部特别是消化道内腔的病变。经过数十年的发展，内窥镜在光学传输、数字成像、照明波段、空间操控和软件系统等各个方面均快速发展，成像效果和在体安全性不断提升，全新的内窥方法应用也不断出现，如胶囊内窥、数字内镜，以及实现诊疗一体化的内窥镜手术等，极大地拓展了在体光学检测方法的视野。将内窥镜进行偏振升级，可以实现对消化道器官内腔表层组织微观结构的动态、无标记定量测量，对消化道等体内器官肿瘤在体诊断具有独特的优势。内窥镜从体外经由人体的自然腔道伸入到人体内，沿着消化道腔道搜索病变区域，近距离观察和拍照，并可通过活检钳取出病变区域组织。相比于其他的检查方式，内窥镜检查可以提供非常高的成像分辨率，而且检查过程中对病人造成的伤害较小。对于结直肠癌、胃癌等消化道肿瘤患者来说，通过内窥镜检查和治疗是必要的医疗手段。

　　将偏振成像与内窥镜相结合，有利于充分发挥偏振成像的两大特点：能够提升生物组织浅表层成像质量，能够获得更丰富的病理结构信息。由于器官内腔表层组织是早期癌变开始的区域，基于缪勒(Mueller)矩阵测量的全偏振内窥成像对肿瘤早期诊断有诱人的应用前景。目前国际上多个研究组正在致力于 Mueller 矩阵内窥镜的研究工作且取得了重要的进展：英国帝国理工学院 Elson 研究组已经设计实现了几代偏振内窥硬镜，包括线偏振和全偏振 Mueller 矩阵内窥镜[81-84]，并对猪膀胱组织进行测量积累了大量成像数据(图 5-16)[80]；考虑到内窥镜临床应用场景对于快速成像、实时成像的需求，该小组还进一步研究了基于特定偏振光照明的 Stokes 成像内窥镜[73]，并将该成像系统应用于人体器官的检测，显示出具备区分正常和异常组织的能力。Vizet 等设计了一种基于光谱差分测量的可弯曲软性 Mueller 矩阵内窥镜，其偏振调制和检测模块均在体外，并通过额外的反射镜对光纤传输过程中的偏振改变进行补偿[85]，实现了点扫描方式获得 Mueller 矩阵图像；Rivet 等提出了针对内窥镜光纤偏振效应实时校准的方案[86]；而 Forward 等设计的基于多个多模可弯曲光纤组合的柔性 Mueller 矩阵成像内窥镜，能够准确地测量生物组织的 3×3 Mueller 矩阵[87]。这些不同的偏振内窥镜正在相关的临床研究中显示出越来越广阔的应用前景[173]。

　　除了用于在体内窥成像外，利用 Mueller 矩阵成像可以针对皮肤等表层组织进行定量化测量，甚至原位在体成像，实时监测组织结构属性的改变[174,175]。如图 5-17 所示，利用背向散射 Mueller 矩阵成像装置可获取动物皮肤紫外线损伤特

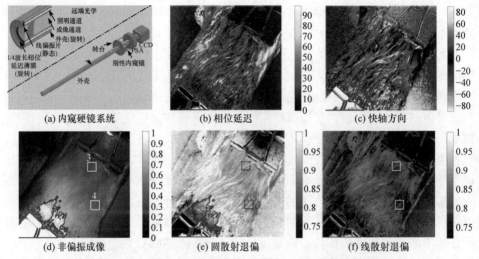

(a) 内窥硬镜系统　　(b) 相位延迟　　(c) 快轴方向

(d) 非偏振成像　　(e) 圆散射退偏　　(f) 线散射退偏

图 5-16　全偏振 Mueller 矩阵内窥硬镜系统对猪膀胱组织成像

征，观察三组小鼠在皮肤未受到和受到不同程度紫外线损伤后以及自我修复过程中，组织结构的变化，并运用偏振参量进行定量化分析。这些结果表明，通过特异性偏振参数可实时定量地监控紫外线照射导致的正常皮肤组织有序纤维排列的损伤程度，以及后续自我修复时纤维的恢复过程[175]。Mueller 矩阵成像具有的定量化分析能力，有助于改善传统病理诊断定性为主、定量困难的现状，具有辅助诊断价值。

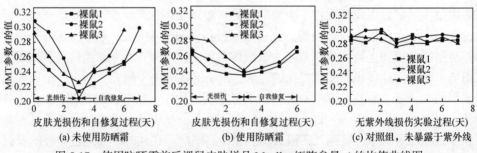

(a) 未使用防晒霜　　(b) 使用防晒霜　　(c) 对照组，未暴露于紫外线

图 5-17　使用防晒霜前后裸鼠皮肤样品 Mueller 矩阵参量 A 的均值曲线图

在体偏振成像基于背向散射光子，这些光子在组织中传播路径相比透射光子更为复杂，导致同一病理组织的薄切片透射偏振成像与厚样本背向偏振成像结果存在差异。背向散射光子来自于组织的不同深度，因而当组织样品存在分层结构，且不同层的结构及光学效应等存在差异时，其背向 Mueller 矩阵成像结果就会同时包含这些不同的特征从而变得更为复杂。而通过定量比较同一组织的透射 Mueller 矩阵与背向散射 Mueller 矩阵成像结果，已经确认大量从透射 Mueller 矩

阵显微成像结果中获得的有益结论与参数,可以直接用于在体偏振成像检测中[176],为未来的生物医学研究和临床应用提供了广阔空间。

5.4　海洋监测中的应用

我国管辖的海域面积约 300 万 km²,是关乎国家安全、国计民生的资源宝库与战略空间。水面和水下目标、环境等的监测是保护海洋、建设海洋的重要基础,偏振信息在浑浊介质中退化常慢于强度信息,因而有望探得更远、看得更清,成为海洋监测中的"潜力股",不少研发人员进行了应用探索,但尚未开始大规模应用。

5.4.1　海洋溢油赤潮监测

目前,我国海洋环境安全问题突出,以海面溢油、赤潮为代表的突发事件、生态灾害事件频发,已严重危及我国的社会经济发展和核心权益,对其进行精准监测成为采取快速应对与反制措施的前提和基础。

溢油是海洋石油在勘探、开发、运输过程中,因原油或油品外泄而形成的,近年溢油事故频发,已被列为美国科学院公布的 2030 年前待解决的 32 个科学问题之一。2011 年,蓬莱"康菲 19-3"油田溢油事件造成 7000 余吨原油泄漏,污染海域 6200km²,海洋生态损害赔偿 16.8 亿元,养殖渔业资源索赔 10 亿元。2018年,"桑吉号"油轮在长江口外泄漏 13.6 万 t 凝析油,严重危害东海环境安全。海上溢油监测要素主要包括溢油范围、油种种类和油膜厚度,其中溢油范围是确定溢油源和现场处置的重要参考,油种种类涉及溯源处罚和清污治理,油膜厚度是估算溢油量的重要参数。

赤潮是海水中浮游植物、原生动物或细菌爆发性增殖引起水体变色的生态灾害,可破坏海洋生态平衡、影响海洋渔业生产,其分泌的毒素危及食品安全。2011~2017 年我国爆发大型赤潮 300 余次,波及近 4 万 km² 海域,严重阻碍海洋经济发展。2012 年,广东、福建等地赤潮造成 36 人中毒,海洋养殖业损失 20.11亿元。2015 年,辽宁红沿河核电站取水口被赤潮堵塞导致反应堆停机,单次损失就达 1.8 亿元。赤潮监测要素主要包括赤潮范围、生物优势种类型和赤潮生物量,其中赤潮范围是确定受灾分布和预警的重要参考,赤潮生物优势种类型是赤潮毒性准确界定的依据,赤潮生物量是评估赤潮灾害等级的重要基础。

在溢油探测研究方面,美国国土安全部海岸护卫队负责对海上溢油事故的监视,正在研发高光谱探测仪、激光荧光探测仪和激光厚度探测仪。瑞典空间公司的海上监视系统配备了侧视雷达、红外/紫外扫描仪和微波辐射计，具备机上实时处理和数据实时传输能力，目前已在欧洲和亚洲近 20 个国家装备使用。美国 AgonST 公司制造的 ABS 机载双谱扫描仪具有紫外、红外两个通道的航空遥感设备，其中紫外通道波长 320～380nm，红外通道波长 850～1250nm。在国内，中国海监飞机装备了芬兰的推扫式成像光谱仪 AISA+，开展了康菲 19-3 平台溢油的高光谱数据获取和溢油遥感检测应用研究。但基于高光谱数据的油种识别和油膜厚度反演还停留在实验室研究层面；偏振对油膜与海水的差异敏感，且对不同油种和不同油膜厚度有响应，也在实验室得到一定证实；高灵敏热红外适合于油膜厚度检测。上述单一技术手段各有优势，研究层次深浅不一，尚无法实现复杂海况下海洋溢油精准监测。

2016 年，中国海洋大学光学光电子实验室[177]研究发现溢油样品存在明显的荧光偏振特性，并且不同油品间存在差异，激光诱导荧光的偏振特征可以作为油种识别的有效参量。为了进行更深层次的研究，2018 年，中国海洋大学光学光电子实验室[178]搭建了基于旋转波片原理的模拟溢油样品激光诱导荧光椭偏实验装置，对模拟溢油样品在不同偏振态激发下诱导荧光的偏振特性进行研究，结果表明，不同样品间的荧光退偏振性质差异明显，且退偏度具有不同的波长变化特征。2018 年，南京理工大学提出偏振二向反射测量技术，结合溢油的散射分布特性提炼出新的偏振参量用于海面溢油检测。2018 年，南京大学构建了海面溢油耀光偏振模型，分析了最优偏振探测角度，并在室内开展实验分析水体和油膜表面反射光偏振度随角度变化的规律，并讨论偏振度差异对观测角度的敏感性。2019 年，南京理工大学光谱成像与智能感知重点实验室利用 Mueller 矩阵和 Jones 矩阵建立物理模型，结合菲涅耳公式，得到 Mueller 矩阵参数，计算出油膜的光学常数，再利用振幅比建立了折射率、入射角与偏振度之间的关系，讨论了偏振度曲线的特征，从而区分水和油膜。2019 年，中国科学院大学在实验室测定出不同观测角下 270～900nm 波段的油水反射光谱偏振参数，利用光谱椭偏测量法，研究发现，入射角除布儒斯特角位置外，油膜的光谱椭偏角与海水有明显差异，并且紫外和可见光蓝紫波段更适用于对薄油膜进行检测。2020 年，哈尔滨工业大学航天学院[179]根据菲涅耳反射公式的偏振反射系数，结合偏振二向反射率因子和粗糙海面的概率密度分布函数，建立了完善的 pBRDF 模型，仿真在不同太阳入射角、不同探测器观测角以及不同海面风速风向等条件下海水和油膜的偏振反射分布函数。2020 年，哈尔滨工业大学新能源学院通过自行设计的散射计测量了三种原油和纯水在可见光和近红外波段的总 BRDF 和偏振 BRDF，分析了 BRDF 的光谱和角度分布特性，研究结果表明，利用 BRDF 的特征可以从水的背景中检测原油，并识别油的类型。该研究指出，偏振参数在最佳观测条件下具有较大的相对对比度和反射强度，在溢油监测中具有一定优势。2021 年，长春理工大学光电工程学院针对海面溢油探测时存在虚警率高、油种识别单一等问题，基于菲涅耳理论建立粗糙海面溢油在不同方位角和天顶角下的偏振度模型，并分析其对偏振度分布的影响。该研究指出，不同溢油的可见光偏振特性存在明显差异，偏振对比度普遍高于 5%，如图 5-18 所示。

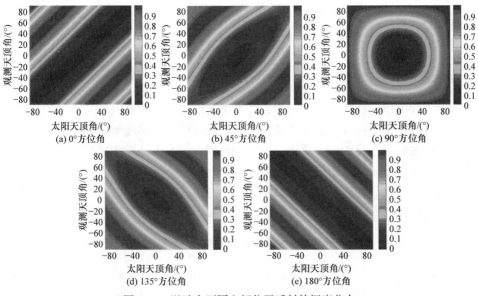

图 5-18 溢油在不同空间位置反射偏振度分布

在赤潮探测研究方面，近年来，瑞典、美国和芬兰的机载监视监测系统广泛应用。例如，芬兰 Specim 公司制造 AISA＋推扫式机载成像光谱仪对地面目标成像的同时测量目标光谱，光谱范围 400～970nm，最小波长间隔为 2.3nm，最多可获取 244 个波段的图像立体数据，飞行 1000m 处的地面分辨率为 0.68m。在国内，中国科学院上海技术物理研究所研制了推扫式成像光谱仪 PHI，光谱范围 420～850nm，光谱分辨率 5nm，可获取 124 个波段的图像立体数据，飞行 1000m 处的地面分辨率为 1.5m。上述 AISA 和 PHI 均应用于我国近海赤潮遥感检测。但高光谱遥感易受海面耀斑和云雾的干扰；赤潮优势种识别还停留在可分性分析和实验研究阶段。利用赤潮生物趋温特性，热红外大有可为。偏振态对赤潮藻种的结构以及生物量的变化较为敏感，可以用来识别赤潮生物优势种和反演赤潮生物量。上述光谱、偏振和热红外技术手段各有优势和不足。

在这种情况下，长春理工大学、自然资源部第一海洋研究所、西安交通大学、航天工程研究所、湖南大学、中国海洋大学等形成的偏振成像探测大团队提出，如果能同时获取溢油与赤潮的光谱、偏振、强度图像，一方面可以利用偏振成像"提取特征偏振谱""抑制耀斑""增加海雾中成像距离"的效能，另一方面可发挥光谱成像精细识别材质的优势，二者结合可大大增强对比度，因而成为解决溢油、赤潮精准监测难题的有效手段。采用"光谱＋偏振＋红外"的多维度成像进行两类典型海洋目标的精准监测大有可为。

　　为验证偏振探测手段对溢油和赤潮的识别能力，这几家单位在青岛近海海水池开展了多次外场围格试验，获取了五种溢油种类和两种赤潮优势种的偏振数据，通过试验初步验证了偏振探测对油种和赤潮优势种的区分效果，为后续开展偏振光谱多维度一体化监测提供了数据基础和依据。

5.4.2　水下清晰化成像

　　自光波的偏振特性被发现以来，在水下清晰化成像领域就备受关注。利用水下散射光场的偏振特性来去除水体散射、提高成像质量和增加成像距离一直以来都是国内外科研人员的研究重点。目前，利用偏振水下清晰化成像探测方法主要分两大类：一类是基于目标光与介质光偏振散射特性差异的清晰化成像方法，包括偏振选通成像、偏振差分成像技术；另一类是基于偏振去散射物理模型的水下被动偏振成像方法。实际上，水下清晰化成像尚处于应用探索阶段。

　　1. 基于目标光与介质光偏振特性差异的偏振成像方法

　　偏振选通成像是根据光在浑浊介质中传输时，经历多次散射的光偏振态会丧失，而经历少次散射的光偏振态能够保持这一特性来分离出未散射光或弱散射光的成像方法。而水下偏振差分成像技术是水下偏振选通成像技术的升级，其利用偏振信息的共模抑制特性，通过两种不同偏振态图像差分，反映出场景不同偏振状态的变化情况，利用两种图像的差异抑制背景散射光，实现水下场景的清晰成像。

　　1995 年，受到动物视觉系统中对于正交态偏振信息的获取解译这一特性的激发，Rowe 等提出了偏振差分成像方法，可解译出强度图像中不易看到的细节信息(图 5-19)，提高水下成像探测能力，为水下成像提供了新的技术思路。

(a) 原始强度图像　　　　　　　(b) 复原图像

图 5-19　原始强度图像与 Rowe 所提方法复原结果对比图

1996 年，Tyo 等[181]进一步研究对比了不同散射程度下偏振差分与偏振求和图像对于复原目标信息的能力，结果表明，相较于传统成像，偏振差分成像技术在目标特性探测上能提升 2～3 倍的探测距离。

2000 年，安光所[198]推导了水下偏振成像系统图像清晰度与成像距离关系式，定量说明偏振技术可提高图像清晰度和成像距离，且水体较清时圆偏振成像效果优于线偏振，水体较浑浊时相反，用线偏振取代圆偏振成像可增加浑浊水中成像距离。

2000 年，英国诺丁汉大学[182]采用圆偏振光/线偏振光对浑浊介质主动成像，分离图像中的原始、相反和正交偏振信息进行蒙特卡罗分析，增强了图像的对比度及介质的可视深度。Tyo 等[209]对偏振差分图像和偏振求和图像的点扩散函数(point spread function，PSF)进行了分析研究，并使用蒙特卡罗算法模拟研究了单散射介质和多散射介质中的 PSF，研究发现偏振差分图像较偏振求和图像的 PSF 窄得多，意味着在透散射介质成像中使用偏振差分技术能够获取具有更多高频信息的目标图像，成像效果更优。同年，Walker 等提出利用偏振减法成像技术进行水下物体的探测，偏振减法成像利用对平行分量加权，从而消除背景散射光的影响，恢复图像场景目标，Walker 同时利用蒙特卡罗模拟对所提出方法的效果进行了测试。

2003 年，英国诺丁汉大学[199]通过被动成像对经过介质的散射光波偏振特性分析，增加了小尺寸粒子浑浊介质中目标可视深度。

2003 年，西安电子科技大学[200]利用激光水下偏振特性获得偏振差分图像(PDI)，处理经水散射后目标图像，在相同距离、相同水质下，可提高目标图像清晰度，增加水下激光探测距离；安光所研究了不同浓度下浑浊介质有无目标时的后向散射 Mueller 矩阵，发现混浊介质中目标识别平均自由程界限为 3.5。

2005 年，耶路撒冷希伯来大学[201,202]对水下光波偏振模式分布进行测量并建立了相关数学模型。结果表明，利用偏振信息可以明显增加水中目标的可视距离。

2006 年，哥伦比亚大学发现圆偏振光在由较大粒径组成的浑浊介质中传播时会发生偏振记忆效应，它与介质的光学特性有着密切的关系，利用正交圆偏振光在浑浊介质中的传播可以得到低散射介质的高对比度图像。但该效应对于高散射介质则不起作用，不能改善所得图像分辨率。

2007 年，纽约市立大学城市学院通过实验和辐射传输方程的累积解研究了圆偏振光的后向散射特性，推导出空间光波分布函数的准确表达式。利用圆偏振光的螺旋特性在经过较大粒子的后向散射中仍然保持，而在经过嵌入的浑浊液体散射后变为相反方向，就此可以得到较大粒径聚苯乙烯悬浮液中目标的高质量图像。

2010 年，瑞士联邦理工大学利用偏振选通成像来选择性提取弹道光成分，消除漫射光成分，从而提高图像质量。

2011 年，迈阿密大学[203]测量发现，自然水体上涌光波场中非主平面上的中性点约位于 40°～80°最低角处，相对于太阳方位角 120°～160°，远离主平面，对处于部分偏振的天空散射光和完全非偏振的太阳光间的入射光平衡位置极敏感；以色列理工学院和加州理工学院[204]将多角度几何与偏振探测结合，使用轨道星载平台捕获偏振特性对水体和大气特征十分敏感的水体表面向下的光场，利用深水后向散射的自然特性进行反演，实现了水体深度分布的重构。

2012 年，Miller 等[183]设计了一套可在同一焦平面呈现视场正交偏振图像的实时成像系统，该系统可通过设置不同权值和载入处理算法实现水下清晰成像，此外，Miller 对水下偏振差分成像的成像质量进行了讨论，实验结果表明，对于退偏的目标，透雾、水等散射介质成像时主动照明的线偏振光成像效果好于圆偏振光；而对于反射光能够保持入射偏振态的目标而言，使用圆偏振光进行主动照明成像时目标对比度更高，成像效果更优。该结论对以后水下成像偏振光的选取提供了重要的依据。

2015 年，西安交通大学电子学院[184]设计了一种基于 Stokes 矢量的计算偏振差分实时成像系统，这是一种对偏振成像方式上的改进。其利用 Stokes 矢量对于光偏振态的完备表征代替光学检偏器的无规则机械转动。2020 年，Han 等[185]提出了基于光学相关性寻找偏振特性最优图像对的方法，通过相关峰能量对两幅偏振图像的相似度进行量化，最终得出相似度最小时两张图像为最优图像对的结论，实验结果证明该方法能准确选取最优图像对并提升成像效果。该方法的提出为偏振差分输入图像的选取提供了理论支持，有效提升了偏振差分成像进行目标探测的能力。

为了进一步提高浑浊介质中目标探测的图像对比度、增大成像距离，学者开始考虑将偏振成像与其他成像方法相结合。美国海军研究生院提出将偏振差分成像与时间选通成像以及光学相干成像方法相结合的设想[182]。劳伦斯利物莫国家实验室[186,187]将偏振选通成像与光谱技术相结合，用于生物组织成像探测，结果显示，不同波长的垂直分量相减能够清晰地显示出表皮下的组织结构。斯巴达激光实验室提出将距离选通成像与偏振成像相结合，利用目标光和背景光消偏特性的差异来增强图像质量，提高图像对比度，对金属、木材、塑料等不同目标材质的实验测量结果表明成像效果与目标的偏振特性相关。

桂林电子科技大学[188]进行了基于距离选通的偏振成像方案的实验验证,证实其能够有效抑制后向散射对成像质量的影响，提高图像的对比度，增加目标探测和识别效率，有望应用于浑浊介质中的目标探测。

西安交通大学电子学院[112,189]采用距离选通成像滤除散射次数较少背景光，采用偏振差分成像滤除多次散射背景光，形成距离选通偏振差分成像(亦可称为偏振距离选通成像)，有效抑制了背景光，提高了成像质量，如图 5-20 所示。

<table>
<tr><td>(a) 强度成像</td><td>(b) 距离选通偏振差分成像</td></tr>
</table>

图 5-20 强度成像与距离选通偏振差分成像对比

2. 基于偏振去散射模型的水下偏振成像

自然水体中的被动水下偏振成像技术和深海主动水下偏振成像技术通过将水下场景偏振特性与水体物理特征相结合，产生一系列水下图像清晰场景重建模型与算法，其中被动偏振成像技术多基于 Schechner 和 Karpel 在 2005 年提出的清晰化成像模型，以水体透射系数的估计为重点，通过对自然光散射特性的研究建立被动水下偏振成像模型；主动偏振成像技术则多基于 Schechner 与 Treibitz 在 2009 年提出的浑浊水体成像模型，引入主动光源对场景进行成像，将目标偏振特性变化考虑进成像模型中，进一步提升成像对比度与清晰度。

2005 年，Schechner 等[190]提出水下被动偏振成像模型，利用光在水下传输过程中的衰减模型结合目标与背景偏振特性差异建立物理模型，重建清晰的水下场景图像。诸多学者在其基础上进行了进一步的研究和发展使其成为水下偏振成像技术的一个重要分支。2016 年，天津大学[191]在水下偏振被动成像模型的基础上，提出了一种考虑目标信息光的偏振度的水下被动成像模型。2018 年，西安电子科技大学[192]综合考虑水体吸收和不同波段的成像特异性，将海水对光的选择性吸收特性加入到物理模型中，提出了浅海被动水下偏振成像技术，解决了水下自然光场景的水体吸收和颜色失真等问题。

水下主动偏振成像模型是水下基于物理模型的另一重要成像方法，由 Treibitz 和 Schechner[193]于 2009 年提出；2017 年，西安电子科技大学[194]考虑到前向散射光中也包含目标信息，直接抑制或去除将降低探测结果中目标信息的解译能力，提出了一种利用图像刃边法估计前向散射光的退化函数的方法；2018 年，天津大学[195]提出了基于非均匀散射场的偏振成像方法，该方法将偏振图像中目标区域的光截取掉，然后利用剩余的背景区域对背景散射光强度和偏振度进行多项式拟合，补全目标区域的光强与偏振度，然后通过进一步计算实现清晰成像，如图 5-21

所示; 2020 年, 中北大学[196]对于无散射参照的水下场景成像提出了偏振减方法, 用于对水体散射噪声和目标信号的退偏振特性进行正确估计; 2020 年, 天津大学[197]提出了通过深度学习的水下偏振图像复原方法, 他们通过模拟实验获取了大量水下场景清晰和浑浊的图像对, 然后将其建立为数据集对密集连接神经网络(dense connected neural network)进行训练, 学习丰富的多层特征信息, 基于完整的网络再进行水下图像复原。

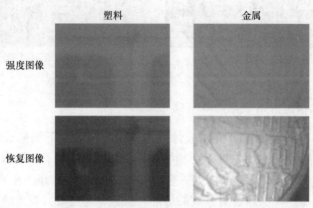

图 5-21　原始强度图像与 Huang 所提方法复原结果对比图

5.5 军 事 应 用

偏振成像因其能够获取目标辐射或反射的额外偏振多维信息, 从而具有提高探测目标精度、提高目标的识别概率和穿云透雾等能力, 受到了国外许多国家的重视。西方军事强国已经把研究的重点转移到军事和安全领域, 并把提高对军事目标的探测识别能力作为偏振成像探测技术的研究重点。

各国为了发展本国的国防军事力量, 从 20 世纪 70 年代开始, 军方就开始不遗余力地研究偏振成像探测技术, 国外研究的国家主要有美国、以色列、荷兰、瑞典、英国、瑞士等[205]。希望利用偏振成像出色而独特的探测性能来为在日后的战场上占据有利的主动权。特别是美国经过数十年的研究, 做了大量的技术储备, 取得了可观的技术成果, 从数量、广度、深度上来看, 偏振成像技术都处于世界较领先的地位。

他们研究的工作重点集中于偏振成像在军事的应用方面, 为此进行了实地测量、模拟仿真等试验, 收集了丰富的偏振数据(如偏振图像、参数、变化曲线等), 进行了归纳分析。国外对偏振成像探测具体的研究有[206,207]: 不同外部条件下地雷探测、军用车辆探测、军用帐篷探测、军用防水布探测、榴弹炮探测、坦克的探测及仿真、飞机模型探测、水下目标探测、金属表面涂料的偏振特性等以及外部环境(温度、天气等)对偏振成像影响的研究等。随着偏振成像技术不断深入的研究，出现了多种不同类型和结构的偏振成像器件和设备，出现了各种适用于不同应用场合和条件的偏振信息处理方法。

5.5.1 目标偏振特性分析及仿真

偏振成像探测技术不仅可以获取传统成像目标的光强等信息，还可以获取偏振多维信息。当我们对目标进行偏振成像时，人造目标具有区别于自然背景的偏振属性。利用这种特征，人们能够很好地对处于复杂自然背景中的人造目标进行探测识别。例如，在 2002 年，荷兰用偏振成像技术探测地雷[208]，如图 5-22 所示。有反射性的地雷目标与有漫散射性背景相比，有着比较强的辐射偏振特征。利用红外强度成像仅识别 3 个地雷，而利用红外偏振成像可全部识别 5 个地雷；偏振成像大大地提高了区分目标与背景的识别能力。

(a) 可见度图像 (b) 长草后的可见度图像

(c) 红外强度图像 (d) 红外偏振图像

图 5-22 杂草中地雷的红外强度成像以及红外偏振成像

　　偏振成像能够探测目标这是不争的事实,但是这里存在一个不容忽视的问题,即还应该考虑到相似的人造目标特质属性对偏振成像的影响。换句话说就是,当在军事战场上存在伪造目标的情况下如何提高目标识别概率,这就需要分析人造目标的类别(固体/液体/气体)、材质、大小、温度、表面粗糙度、颜色、反射率等属性。

　　2000 年,美国空军实验室(Air Force Research Laboratory,AFRL)对美国联邦标准涂料(NO.595B 编码版本:表面光洁度、颜色、反射率)的偏振特性进行了实验研究。首先通过使用分光偏振反射计检测来获取铝基底上 12 个拥有不同表面光洁度、颜色、反射率的样品的偏振特性,然后对在 0.9～1.0μm 波长区域的数据进行了详细分析。最后绘制出了相应条件下的偏振特性系数曲线,如图 5-23所示。实验表明:随着光束入射角的增大,样品的偏振特性系数总体呈现增加趋势,在入射角为 85°左右时有所下降;随着样品的反射率减小,样品的偏振特性系数反而呈现增加趋势。偏振特性系数在文中利用 Mueller 矩阵系数求取。我们可以从图 5-23 和图 5-24 看到这些变化趋势。故涂料的不同将会对目标的偏振特性产生不同程度的影响。

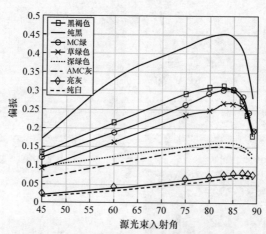

图 5-23　偏振特性系数与光束入射角关系图

　　长波红外偏振成像依赖被探测物的热辐射,而并不依赖额外的环境条件成像(如光照的强度、天气状况等),因而具有全天候的目标探测识别能力。但是热辐射对长波红外偏振成像的影响程度如何却不甚了解。2007 年,美国亚利桑那大学和美国空军研究实验室[209]对目标(灰色球体)和光学背景(球体所处的室内环境)的长波红外偏振成像中热平衡与反差效应进行了研究实验。实验结果表明:当光学背景的温度远远小于目标温度时,长波红外偏振成像对热辐射目标具有更强的偏振特性;当目标与光学背景处在热平衡状态时,目标将可以完全失去偏振特性。

如图 5-25 热球体实验图像所示。

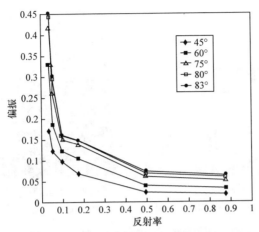

图 5-24　偏振特性系数与样品反射率关系图

(a) 真彩色图像　　　　　　(b) 长波红外S_0的偏振图像　　　　　　(c) 长波红外S_1的偏振图像

图 5-25　热球体实验图像

　　美国陆军研究实验室、空军研究实验室和亚利桑那大学[210]在 2008 年合作对不同材质目标进行了红外偏振成像实验的研究，探索不同目标材质对偏振成像效果产生的影响。实验将不同材料的防水布、不同的金属和电介质板块作为目标，草地作为偏振成像的背景，用于对目标进行偏振测试和特性分析研究。实验结果表明：军事上常用的人造目标与自然背景偏振特性存在着明显的差异，因此可以区分不同目标及背景，如图 5-26 所示。

　　2010 年 2 月，美国武器研究发展与工程中心(ARDEC)进行了长波红外偏振图像采集的实验[211]。他们利用偏振探测器对俄制 2S3 型自行榴弹炮开展长达 7 个月的不间断偏振特性测量，收集到了 81936 幅可用的长波红外偏振图像。测试试验场景如图 5-27 所示。这些图像数据包括不同季节、不同时段、不同天气条件下的目标/背景偏振特性曲线。

(a) 真彩色目标图像

(b) 红外偏振的线偏振度(DOLP)图像

图 5-26　不同材质目标的红外偏振成像

图 5-27　俄制 2S3 自行榴弹炮测试试验场景

　　2013 年，罗切斯特理工学院提出一种新的多视点偏振系统来提高目标背景的可分辨性，如图 5-28 所示。该系统采用在三个不同的观测方向成像场景的方法，利用偏振角变化来推断被观测物表面的物理特性。提出的偏振系统的灵敏度分析，将目标背景的可分辨性与各种场景相关参数联系起来，给出成像材料可分辨性最大化的条件。

　　2015 年，法国联合研究实验室设计并制造了一种 1.5μm 波长激光照明的自适应有源偏振成像仪。它可以生成和分析 Poincaré 球面上的任何偏振状态，以便最好地适应不同场景的偏振特性。用于野外自然背景下的典型目标，证实了目标与自然物体之间的偏振差异可以有效地识别目标，实验场景如图 5-29 所示。

图 5-28　偏振系统目标布局

图 5-29　有源偏振成像仪实验结果图

　　由美国数字成像与遥感实验室(Digital Imaging and Remote Sensing Laboratory)开发的 DIRSIG 建模软件是目前最接近于实用化的目标偏振特性软件。DIRSIG 是一个工程和科学领域的复杂建模工具集，用于可见光和红外波段的目标环境建模和场景生成[212]。DIRSIG 中包含了最具可用性的偏振模块，而 Torrance-Sparrow 模型是 DIRSIG 中偏振模型的核心。图 5-30 是使用 DIRSIG 系统模拟伪装网下金属板的偏振图像。

　　2002 年，罗切斯特大学就利用 DIRSIG 软件进行了偏振特性的建模仿真研究[212,213]，指出目前 DIRSIG 软件可提供较为完备的太阳辐射、天空背景辐射、月球辐射、地面辐射偏振等数据模型，但在卫星飞行器、传输与散射和起偏与消偏、

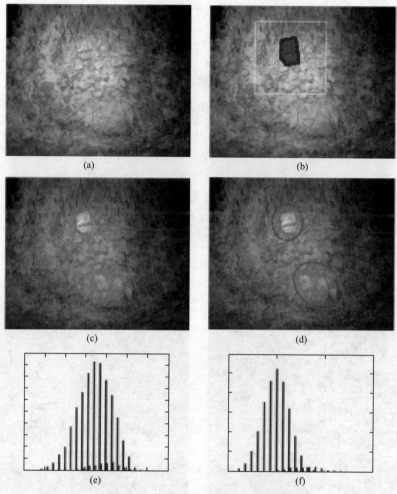

图 5-30 伪装网下金属板的偏振图像

目标与背景偏振特性方面的模型，仍然不完善，在云层偏振特性的建模方面，基本处于空白的状态。

2005 年，瑞典国防研究局进行了识别军营中装甲车的偏振成像实验，如图 5-31 所示，完成了对三维目标模型计算仿真[199]。对于不同的偏振状态，利用二向反射分布函数(BRDF)来描述确定目标表面的反射率。通过蒙特卡罗计算，目标所有侧表面的散射率被合并到一个整体，形成总的目标反射率。总的反射率在整个散射半球能得到不同的偏振态和不同角度的反射率。

2007 年，罗切斯特大学[214]报道了利用 DIRSIG 软件进行偏振特性的建模仿真研究，如图 5-32 所示，发现基于 DIRSIG 软件的 S_0、S_1、S_2 的偏振建模仿真的效果比较好，观测目标的整体轮廓比较清晰、边缘特征得到了加强。

无偏振片 被测物体的线偏振度

(a) 装甲车无偏的α热视图像 (b) 装甲车的偏振度图像

图 5-31 装甲车的热视图像及偏振度图像

测量图 仿真图

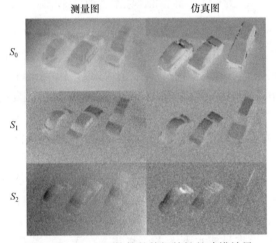

图 5-32 DIRSIG 软件的偏振特性的建模效果

2016 年，墨西哥国立大学[215]设计了一种针对金属表层散射特性的偏振二向反射分布函数模型，目的是为金属材质提供表面参数。

2020 年，韩国提供了 25 个各向同性 pBRDF 模型，涵盖了广泛的外观：漫反射/镜面、金属/介电、粗糙/平滑，以及不同颜色的反照率。该模型库在 5 个波长范围内覆盖可见光谱，通过一个基于物理的渲染器中演示数据驱动的 pBRDF 模型的使用，如图 5-33 所示。

5.5.2 传输介质对偏振探测效果的影响

偏振光在大气、水下等空间传输时会受到传输介质的类型、浓度、粒径、散射系数、吸收系数和反射系数等因素不同程度的影响而改变，导致目标对偏振光

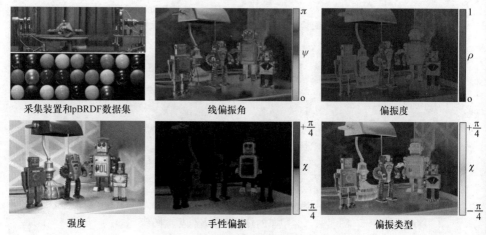

采集装置和pBRDF数据集　　　　　　线偏振角　　　　　　　偏振度

强度　　　　　　　　手性偏振　　　　　　　偏振类型

图 5-33　韩国团队偏振特性的建模效果

的散射、吸收和反射受到影响，最终会影响到偏振成像的探测效果。瑞利散射理论验证了自然光在传播过程中受空气分子等的散射作用。散射作用会改变光自身的偏振特性，形成拥有不同偏振态的偏振光。1994 年，James 首次提出光束在自由空间传输过程中，偏振度值会发生改变，而偏振度值的改变则会影响偏振成像的探测。

2003 年美国海军水面作战中心利用浅水实时偏振成像仪对水下的部分偏振光的特性进行了实验研究。研究表明，照射到水下的自然光同样是部分线偏振光，因此可以利用这些部分线偏振光进行水下偏振成像，从而得到包含各方向的偏振图像和偏振度图像。从图 5-34 可以看出偏振成像能够探测出目标，而常规的成像完全探测不出目标。故利用传输到浅水中的部分线偏振光，可以很好地对目标进行探测识别。这将给潜水员或水下无人探测装置在浅水域提供更多的信息来探测、归类和识别目标物和障碍物。

2009 年，以色列在雾霾天气环境下进行了偏振成像实验，指出雾霾环境下大气中存在大量的散射介质，如烟雾颗粒等。这些散射介质将会对光的传输及传统的光成像造成相当程度的影响，导致成像效果的对比度低、清晰度不高和成像的作用距离短。但是偏振成像能够消减或过滤这些散射介质的作用，从而改善了成像效果及提高了成像的作用距离。大气中拥有散射作用的传输介质对偏振成像影响的示意图如图 5-35 所示。

目前，大气信道传输的仿真计算软件主要有美国的 IRMA、法国的 6S，以及美国的 MODTRAN 等，它们在建模方法、适用波段上各有差别。但是只有大气辐射传输建模工具 MODTRAN 包含在可见光和红外波段的偏振仿真计算模块 MODTRAN-P。DIRSIG 也是用 MODTRAN-P 来计算偏振的大气传输特性的。

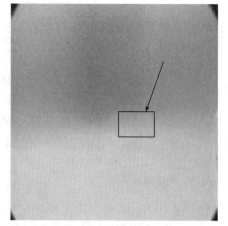

| (a) 常规的成像 | (b) 偏振成像 |

图 5-34　水下目标的成像

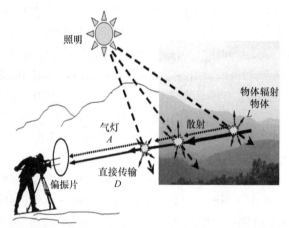

图 5-35　大气中拥有散射作用的传输介质对偏振成像影响

5.5.3　目标偏振探测

运用偏振成像探测技术可以获取偏振信息,这是偏振成像相对于可见光强度成像和红外成像的独特优势,有效地利用偏振矢量信息,可以增强图像对比度、提高信噪比,从而在军事应用上可以改善目标探测成像的质量,提高探测精度,为及时发现敌方目标提供有效的手段。1996 年,美国空军科研办公室 AFOSR 研究证实,电控液晶型偏振成像设备存在响应光谱范围窄、光透过率低、成像帧频低等无法克服的缺点,目前多在特性研究中使用。

图 5-36 是树阴下的两辆皮卡车三种不同的成像效果图,图(a)和图(b)中目标与背景的对比度较低,没有辨别出探测目标;而图(c)的长波红外偏振成像则可以显示整体轮廓和定位目标位置[216]。

(a) 可见光真彩色图像

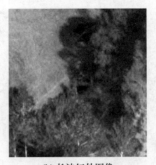
(b) 长波红外图像

(c) 长波红外偏振图像

图 5-36　树阴下的两辆皮卡车不同的成像效果图

　　在战场上，地雷由于它的隐蔽性、伪装性、杀伤力，常常会给军事对方造成较大的人员伤亡和军用车辆毁伤。有效地探测识别出地雷有着巨大的价值。传统红外成像地雷探测方法，在热对比度很低或者背景杂乱下的情况下探测识别效果并不明显。多个国家都进行了地雷探测方面的研究，结果表明利用偏振成像进行地雷探测，确实能够改善探测识别效果，特别是红外偏振成像。例如，相关学者分别在 2001 年和 2004 年利用红外(短波和长波)偏振成像探测地雷[216,217]；英国(国防科学与技术实验室)和美国政府在 2007 年利用长波红外和中波红外偏振成像对军事公路上的地雷开展了探测研究实验[218]。图 5-37 为 2000 年荷兰对沙地和森林背景下的地雷进行偏振成像的探测实验研究[219]。得出结论为：①在沙地背景下，可见光成像效果比中波红外偏振成像效果好；②在森林背景下，中波红外偏振成像效果比可见光成像效果好。

　　目标偏振成像的质量不仅会受到目标的几何特征、表面粗糙度及材质等的影响，还会受到热光作用的影响。因为热光的辐射和反射作用将会影响目标的偏振态，而不同的偏振态将使我们能够从复杂的背景中辨别出感兴趣的目标。2010 年，

(a) 可见光强度图像

(b) 可见光线偏振度图像

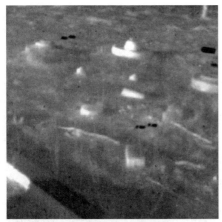

(c) 中波红外强度图像　　　　　　　　　　　　(d) 中波红外线偏振度图像

图 5-37　森林背景下的地雷成像

美国陆军研究实验室(Army Research Laboratory)对自然背景中的军用车辆分别进行了中波红外偏振成像、长波红外偏振成像、热成像和热偏振成像的实验研究，如图 5-38 所示。实验结果表明：场景中目标存在的热辐射和光学背景中存在的大量中波红外源与长波红外源是影响偏振成像质量(图像的对比度)的主要因素。传统的热成像与偏振成像相结合会使获取到的图像质量得到增强。

(a) 实验用的军用车辆及其所处的背景环境　　　　　　(b) 偏振成像效果图

图 5-38　复杂背景下的军用车辆及其偏振成像

美国 2008 年在红石兵工厂、陆军研究发展工程中心(ARDEC)下属的精确武器实验室(PAL)、洛克希德·马丁公司先进技术中心等地进行了分孔径型成像探测装备效能测试，该装备已具备实战能力，可能已装备陆军。

2012 年美国空军莱特·帕特森空军基地报道了美国空军研究实验室(AFRL)正在开发基于新型圆偏振滤光镜的偏振成像技术，指出了此项技术的应用方向：

能够增强"穿云透雾看穿战场"的能力。

2010/2011 年 AFRL 研制出基于反射/透射结构的通道调制型可见光全偏振成像原理样机；2011 年突破了单波长全偏振成像的技术瓶颈，实现了较窄波段上的全偏振图像实时获取，存在重要的军事应用潜力。

2016 年，法国国家科学研究中心光学研究所 NICOLAS VANNIER 通过主动偏振成像技术来探测不同环境下的人造物体。使用一个原始的、完全自适应的成像器，比较了几个成像模式具有不同数量的偏振自由度，如图 5-39 所示。图 5-40 证明了主动偏振成像对于倾斜和危险目标检测的有效性，并且强调了一个针对这

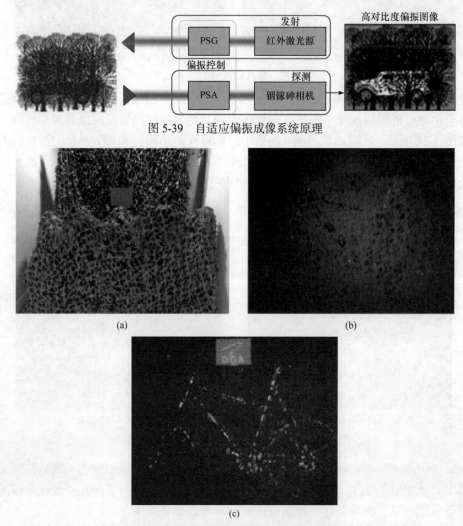

图 5-39　自适应偏振成像系统原理

图 5-40　自适应偏振成像系统实验处理图

种应用的偏振成像器应该具有的特性。证明在大多数情况下，Mueller 矩阵接近对角线，并且简单的自由度减小的极化成像系统可以获得足够的检测性能。此外，图像的强度归一化对于更好地揭示偏振对比度是至关重要的。

5.5.4　偏振信息处理

　　各种实验测试表明，通常情况下，人造目标物体相比于自然物体具有较高的偏振度(DOP)，尤其反映在电介质材料上，如塑料、玻璃和某些金属板。自然界中沥青或混凝土铺设的跑道或建筑，比天空和大海具有更高的 DOP；天空和大海比土壤、岩石或植被具有更高的 DOP[220]。偏振成像探测可以获取多维偏振信息，而通过对偏振信息的处理可以增强图像对比度(image contrast ratio，ICR)，提高目标与背景信杂比(signal to clutter ratio，SCR)，提高目标探测识别概率(probability of detection，PD)、降低虚警率(false alarm rates，FAR)等。

　　2005 年，以色列进行了长波红外偏振成像以改善目标的获取实验[220]。实验用前视红外和偏振红外成像对军用卡车和军用帐篷进行了成像比较，如图 5-41 所示。图(a)为采用前视红外成像效果，图(b)为采用红外偏振成像的效果。实验显示，目标(军用卡车和军用帐篷)在复杂背景中红外偏振成像效果与前视红外成像相比，在对比度和信杂比指标上有很大提高。

(a) 前视红外成像　　　　　　　　　　　(b) 红外偏振成像

图 5-41　前视红外成像和红外偏振成像效果图

　　2011 年，美国空军实验室在代顿的 Wingmasters 靶场开展对空偏振成像目标跟踪实验[221]。实验中对两种不同材质的小型遥控模型飞机在不同背景(包括天空、树林、跑道和草地)下进行了长波红外偏振成像，并与真彩色成像、长波红外成像作了对比，如图 5-42 所示。实验结果表明：在几乎所有杂乱背景的情况下，长波红外偏振成像更加能够提高目标的探测性能的结论。在同样的目标和背景条件下，长波红外图像虚警率是长波红外偏振度图像的 9～52 倍，并且长波红外偏振度图像的信杂比是长波红外图像的 3.4253～35.6136 倍。不同目标不同背景下目标的虚警率与探测识别概率的关系变化曲线如图 5-43 所示。

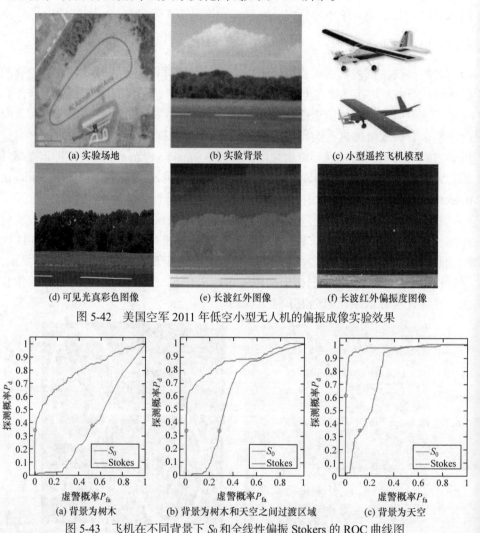

图 5-42　美国空军 2011 年低空小型无人机的偏振成像实验效果

图 5-43　飞机在不同背景下 S_0 和全线性偏振 Stokers 的 ROC 曲线图

5.6　本 章 小 结

本章介绍了偏振成像探测技术在日常生活中的应用，介绍了大气偏振遥感、地物偏振遥感、海洋溢油赤潮监测与仿生偏振导航这四个方面，说明了偏振成像探测技术在生物医学与疾病诊断方面的应用，阐述了水下目标偏振清晰化成像的方式、模型及其他研究工作，最后分析了偏振成像探测技术在军事中的应用。

第6章　偏振成像探测发展趋势与展望

偏振成像探测是新兴的光电探测体制，是许多国家高技术产业、战略性新兴产业等领域的重要支撑手段，能够引领光学技术研究达到更高的水平。随着偏振光学的不断发展，偏振成像探测取代一些传统的光学成像技术已成为国际光学界的趋势。我国在偏振成像探测方面经过多年的积累，目前逐渐趋于成熟，但由于偏振成像探测应用场景的复杂性，以及对成像探测精度和时效性的要求不断提高，还需进一步的完备。本章将从目标背景偏振特性、偏振特性传输演化、偏振成像基础问题、偏振成像技术、偏振探测技术、偏振信息融合重构、偏振核心器件以及偏振探测新兴技术八方面阐述偏振成像探测的发展趋势。

6.1　目标背景偏振特性

目标背景偏振特性是光与物质相互作用所表现的重要特性之一，与物质的性质密切相关，如图 6-1 所示。

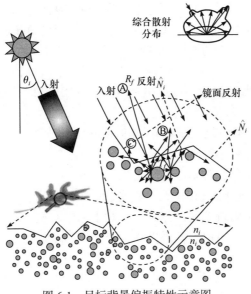

图 6-1　目标背景偏振特性示意图

由于目标偏振特性反映的是目标组成材料的特性，对于探测目标材料以及目标的姿态有重要作用。在基础理论方面，目标偏振二向反射分布函数建模及目标偏振散射特性研究有以下发展趋势。

1) 目标/背景全偏振反射散射特性模型改进与完善

Mueller 矩阵深层物理含义和变化规律仍有很大的研究价值，需要明确 Mueller 矩阵中每一个元素代表的物理含义，研究每一个元素关于空间角度和其他影响因素(内因和外因)的函数表达式，从而获得准确的 pBRDF 模型解析表达式。

2) pBRDF 影响因素及规律研究

由于不同的材料表面具有不同的偏振双向反射分布特性，描述不同的材料表面需要选择不同的 pBRDF 模型，所以对各种不同形式下的 pBRDF 模型的适用条件(材料、波段、表面分布特性等)进行完整的研究和总结，能够为目标识别、材料检测、大气传输等不同过程提供 pBRDF 模型的选择依据，使得人们进行光学散射建模时选择 pBRDF 模型有据可依。从物理本质出发，通过理论推导研究所有影响目标偏振特性的内部本质属性和外界环境因素，找出他们对偏振特性产生影响的规律，进而揭示产生目标偏振特性的最本质原因，对今后在目标偏振特性方面的研究和应用起到推动作用。

3) 由单层涂层材质向多层涂层的 pBRDF 解析模型发展

在偏振场景仿真和导航等领域，对于偏振 BRDF 模型而言，现有的偏振 BRDF 模型仅仅适用于单层涂层材质。而一些物理学中的模型，由于模型定义与应用背景不一样，同样不适用于精确的高真实感重现。对于这些物理模型，可以使用椭偏仪等设备，通过实测与理论相互验证的方法进行比较并改进，从而获得更精确的偏振 BRDF 解析模型。众多学者对多层涂层的 BRDF 的建模与绘制进行了深入研究，而多层涂层的偏振 BRDF 特性仅有一些初步的研究，且大多数方法均建立在对辐射传输方程的求解和蒙特卡罗统计上，计算代价较大，并不适用于图形学的绘制[222-224]。因此，多层涂层的偏振 BRDF 解析模型，也将会是未来的研究热点之一。

4) 由光滑表面向粗糙表面热辐射偏振模型发展

对于热辐射偏振模型的求解的研究，目前仅限于对光滑表面的建模，粗糙表面热辐射偏振模型仍是物理学中的研究热点问题。

5) 由 BRDF 数据库向 pBRDF 实测数据库发展[225]

目前已有三大 BRDF 实测数据库，而对于偏振 BRDF，还未有公开发布的实测数据库。建立偏振 BRDF 实测数据库，无论从实际应用还是从理论研究上看，均具有指导性的意义。

6.2 偏振特性传输演化

当光在信道中传输时会受到不同介质的影响，导致目标偏振特性在传输过程中发生不同程度的改变，如图 6-2 所示。

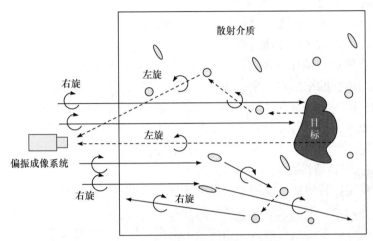

图 6-2 复杂环境下偏振传输示意图

偏振传输规律和机理的研究，有助于更深层次解决探测作用距离的问题。偏振传输特性技术经过了 20 多年的发展，理论上已经较为成熟，实验上得到了良好的验证，环境适应性和算法可靠性也都得到了证明。偏振传输研究方面呈现以下发展趋势。

1) 任意形状粒子的偏振传输特性

偏振光传输问题是目前偏振起偏、传输、探测、处理等四个主要研究内容中最为薄弱的环节。各种研究表明，针对球形粒子多次散射传输问题，已经能进行完整的模拟仿真。而要解决偏振光烟尘雾霾中多次散射传输问题，必须从任意形状粒子单次散射近似模型入手，基于不同情况下雾霾烟尘粒子的科学合理表征，模拟分析偏振光多次散射传输规律；建立复杂传输环境下偏振传输模型，描述偏振光在复杂环境中传输的系统行为，计算求解偏振矢量传输方程[226]；分析传输环境及条件对偏振特性的改变和影响，模拟分析偏振光多次散射传输特性，以期探索研究多种环境复合情况下偏振传输的耦合规律。

2) 混叠不均一介质的偏振传输特性

在复杂传输环境条件下，传输介质中粒子通常为非球形，且存在多种混叠而不均一、非各向同性，同时粒子尺度和折射率变化也比较大，在实际探测中，存在不同天气条件交叉或无法严格分开的情况，此时偏振的记忆效应已不能用米散射理论来简单解释。如何解释和预测复杂散射介质中的圆偏振记忆效应？如何有效利用线偏振、圆偏振特性进行目标图像增强？是否存在线、圆偏振的某种结合或融合能够获得更好的成像效果？如何利用线、圆偏振退偏速度比强度衰减速度慢的特点，增加探测成像作用距离？这是我们在未来研究中需要重点关注的问题。

3) 偏振光保偏性能的条件限制与约束

烟雾等粒子的散射光与目标弹道光传输时，二者存在线偏振和圆偏振特性差异，利于消除杂散光对成像的影响，提高图像对比度，增加系统探测距离。特别是圆偏振成像比线偏振成像在某些浑浊介质(如烟尘雾霾)中可取得更好的效果，这可以用圆偏振的记忆效应来解释和预测[227]。但该理论的推导都是基于米散射理论的假设，即假定光是在各向同性、球形粒子的均匀介质中传输的，虽然可由散射方程来表示，但同时又对介质粒子的尺度、折射率与波长的关系也有较严格的限制，确定这些限制条件与约束是应用的前提，亟待破解。

4) 偏振传输特性在去雾成像上的应用

如何将偏振传输特性应用于偏振去雾是一个重要的研究方向，其中包括算法的实时去雾处理、偏振去雾成像系统的开发和集成等关键技术。基于大气偏振传输特性建立含有散射过程的大气物理退化模型，开发实时去雾处理算法，并与其他去雾技术相结合研发新型偏振去雾成像系统，有望最大限度地恢复图像信息、提高去雾效率、减小雾霾对光学成像的影响。

6.3　偏振成像技术

偏振成像技术经历了6代，目前最新的两代技术正在走向应用，但其性能还有很多地方有待提高。在偏振成像技术方面，主要发展趋势如下。

1) 宽波段干涉偏振成像技术

干涉偏振成像利用分光元件同时将不同偏振信息加载到同一幅目标像的不同的载波频率上，再通过计算机解调实现偏振探测，能瞬时获得动态目标偏振态且结构紧凑、成本低、制作简单、空间分辨率适中，因而成为偏振成像探测技术的重要分支[228]。但原理所限，仅能单色、准单色成像，能量利用率低，限制了其应用。因而宽波段偏振成像就成为偏振成像技术重要发展方向。西安交通大学朱京平团队在973、863等项目支持下系统研究了干涉型偏振成像技术及其系统结构、光传输过程，推导了波段宽度限制判据、提出多种构型的宽波段偏振成像机制[226,229]。未来需要根据所提出的波段拓展方法，突破核心关键技术，研制面向应用的专用宽波段偏振成像系统。

2) 干涉光谱偏振成像技术

干涉偏振成像技术原理所限仅能准单色成像。但我们逆向思维：波段的扩展能否被有效应用？既然干涉会分光不利于各波长的光干涉条纹处于同一位置而各波长干涉条纹分开，那么将各个波长的干涉条纹进一步分开，从而获取各个波长的偏振信息？就此发展出了干涉光谱偏振成像技术。这种技术能同时获取焦平面每一像素的强度、光谱、偏振多维度光学信息，兼具偏振成像凸显目标、穿透雾霾、识别真伪的优势，与光谱成像精细材质识别的优势，成为偏振成像技术的重要发展方向。西安交通大学朱京平、李杰团队在国家自然科学基金重大项目、国防基础、科工局重大重点项目等支持下，提出了多体制静态无源干涉光谱偏振成像方法，系统研究了光谱偏振成像的数理模型、技术原理、核心元器件与实现方案，研制了原理验证样机[23,47,230-235]。未来需要突破偏振信息重构等关键技术，研制基于应用平台的专用系统。

3) 高消光比高透过性分焦平面偏振成像

分焦平面系统在探测器阵列表面特殊工艺处理在保持常规光学镜头情况下实现线偏振成像，具有结构紧凑、集成度高、可实时成像等特点[236]。2017 年，Sony公司推出可见光波段分焦平面偏振成像探测器芯片，多家公司利用该芯片开发了可见光分焦平面偏振相机；西北工业大学潘泉团队与有关公司合作，在系列国家重大重点项目支持下，系统研究了红外偏振辐射模型、红外偏振焦平面设计、红外偏振焦平面去盲元和校正、偏振马赛克图像预处理、红外偏振目标检测跟踪等问题，研制了红外热成像分焦平面芯片等，开发出热红外偏振摄像系统[237]。但该类成像系统尚存在透过率不高，绝对消光比很低(小于 70dB)等问题，因而可以用于目标背景差异成像，但无法实现目标偏振信息高解析度成像。为此，发展新的高消光比高透过性分焦平面偏振成像技术是偏振成像重要的发展方向。

4) Mueller 矩阵成像技术

Mueller 矩阵偏振成像技术能够获得远比非偏振光学方法更加丰富的微观结构信息，还可以与机器学习等数据科学相结合，且易于被人接受；具有无标记、无损伤、定量测量的特点，适合于针对活体生物体系和动态生物过程进行研究；相应显微成像能够获得亚波长尺度下微观散射结构的信息，同时也能够获得介观和宏观尺度的图像信息，是一种跨尺度成像技术，因而在包括材料、生物、医学等多个领域的研究中发挥着重要的作用[238]。清华大学马辉团队从光和物质的基本偏振特征入手，介绍 Mueller 矩阵的基本特征和测量方法，以及如何从 Mueller矩阵获得代表介质特异性微观结构的偏振特征量，并把这些特征量用于不同领域。未来其发展趋势包括实现更快的测量速度和更高的测量准确度。更快的测量速度依赖于更加快速可靠的起偏器进行起偏和基于同时性偏振调制元件的检偏器，而更高的测量准确度则不仅和系统中各个元件的质量和稳定性紧密相关，更取决于以"优化、降噪、校准"为核心的偏振测量系统设计和校准方法。随着偏振调制与测量技术的不断发展与完善，在未来 Mueller 矩阵偏振成像有望实现对更小尺度结构的动态过程进行实时准确的测量，从而成为多领域研究的重要工具。

6.4　偏振成像应用技术

偏振成像探测作为光强探测的一个有益补充，可以把信息量从三维(光强、光谱和空间)扩充到七维(光强、光谱、空间、偏振度、偏振方位角、偏振椭率和旋转的方向)，有助于提高目标探测和地物识别的准确度[239]，如图 6-3 所示。

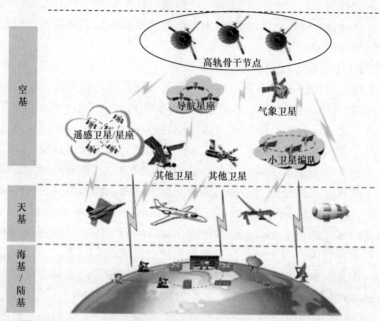

图 6-3　空、天、地、海一体化的偏振多维信息监测网络总体示意图

偏振成像探测应用方面呈现出以下发展趋势。

1) 在关键技术方面

由于我国对偏振技术研究较晚，国内还没有形成一体化、集成化产业集团，对一些精密的偏振器件的制作和加工存在困难，对高精度的器件需要进一步提高技术水平，如偏振焦平面探测器等。现阶段信息技术与数字技术的发展相辅相成，未来在偏振信息器件的设计中需要更多考虑数字化发展的大趋势，一方面要考虑采用数字化技术降低偏振信息器件的设计难度，另一方面也要考虑设计的偏振器件如何应用于数字信息系统。对于偏振信息可视化，尤其是 Stokes 分量、偏振度、偏振角等场景偏振信息的可视化，目前仅适用于以单波段和色彩映射的方式实现，未来应朝多光谱信息融合方向发展。

2) 在应用系统方面

我国在空间目标探测、海上目标探测以及地面目标探测等方面缺乏完备的应用系统。对此我国应该借鉴国外的成熟系统，根据本国所需，研制出符合本国情况的应用系统。为了进一步提高应用系统的分辨率和准确度，在系统中还必须融合成像特性定标与校正技术、图像融合技术以及图像重构技术等。偏振信息调控器件与电子元器件实现片上高效集成，能够有效提升器件的集成化、响应度，也将有效降低偏振信息获取装备的制造成本，对于偏振信息功能的应用推广具有重要的价值。未来应建立基于天、空、地、海以及临近空间等平台的多维信息感知与融合系统，获取目标全方位全天候多角度多谱段多维度信息，利用信息处理技术进行融合，实现准确的空间海洋地面等目标态势感知。

3) 在红外偏振多维度探测方面

大力发展适用于红外波段工作的高质量复杂偏振光子学器件制备系统，再利用大数据科学和海量存储手段，发展高精度全偏振红外成像系统理论及制备技术，进一步利用学科交叉融合、学科优势互补，联合光学理论、光谱仪器制造、数据分析反演以及军民融合应用等方面的专业力量，促进红外偏振探测技术的快速发展。

4) 在生物医学成像方面

近些年来，新型光学器件与大数据分析技术的快速发展极大促进了偏振成像与测量方法在生物医学领域的应用。Mueller 矩阵偏振成像不但可以方便地与显微镜、内窥镜等传统光学仪器融合，同时，它还具有对组织的亚波长微观结构特征敏感，可提供丰富的来自样本的微观结构信息等独特优势。然而，在真正应用于生物医学成像乃至临床之前，还需解决如何获取特异性 Mueller 矩阵成像参量，研究样本库偏少及测量装置集成化、小型化等问题。随着偏振方法在生物医学研究领域引起越来越广泛的关注，有理由相信 Mueller 矩阵等偏振技术凭借其测量快速、非标记、低损伤、易于定量化的优势，有望为精准诊疗、人类健康等提供重要的辅助。

在数字病理应用领域，偏振数字病理是一种潜在应用范围更广的数字病理技术，可包括现有所有图像处理方法，也可根据偏振数据的特征设计新的数据处理模型，提升数字病理分析方法的能力，拓展其应用范围。偏振包含更加丰富的微观结构信息，并且对成像分辨率不敏感，有望在低分辨率大视场条件下实现病理切片的快速扫描，以及依据跨尺度微观结构特征的初步诊断评估[240]。此外，偏振数字病理可以通过机器学习模型提取能对目标微观结构定量表征的偏振特征参数，能够量化表征病变程度，并有物理可解释性，有助于深入了解病变组织微观结构特征的变化。基于偏振成像的数字病理技术将大幅度提升医生获取病理样品结构信息的能力，拓宽当前以图像特征为主的数字病理学边界，提升数字病理学在临床诊断中的应用潜力。

除了数据分析和信息提取外，Mueller 矩阵成像方法在硬件方面也取得了一系列进展，有助于生物医学的应用。在成像速度方面，传统的分时 Mueller 矩阵测量装置所需时间仍偏长，仅适于测量静态样品。而最近广泛使用的分焦平面(DoFP)偏振相机可以同时实现不同角度线偏振光甚至圆偏振光的检偏，并即时成像[241]。将其用于显微镜、内窥镜等，将有助于实现术中的动态 Mueller 矩阵偏振成像。除此之外，还可结合偏振与波长两个维度，实现多波长 Mueller 矩阵显微镜，获取更多的关于组织的细节结构信息，从不同侧面完善 Mueller 矩阵显微成像方法在生物医学领域的应用，弥补现有方法、设备的一些不足。

6.5 偏振信息处理技术

偏振信息处理技术在目标探测与识别领域发挥着重要的作用，能够为获取目标监测提供技术支持。未来应建立基于空、天、岸、海以及临近空间等平台的目标信息感知与融合系统，获取目标多维度信息，利用信息处理技术进行融合，形成准确的偏振目标探测态势感知系统。如何更合理、有效、智能地将数字图像处理技术(如计算机视觉、神经网络、深度学习等)和基于偏振成像系统的物理方法相结合应用于复杂环境下目标图像的复原，在高浓度散射环境下克服光学器件的限制，实现基于偏振成像系统的高质量、实时快速的动态图像复原仍是一个重要的发展方向，主要发展趋势如下。

1) 复杂传输环境下偏振图像去雾技术

散射介质环境下的图像复原，特别是包含高低偏振度物体的复杂浑浊场景图像复原仍然是一个亟待解决和改进的关键问题。

从成像角度，需进一步开展全链路全方位高浑浊度场景偏振技术研究，对光源的调制、光的传输、探测器的接收编码等多方面进行攻关，以提升成像效果，最终实现高浑浊度场景中实时动态高质量清晰化偏振成像。浑浊场景主动偏振成像技术将目标的偏振信息引入模型之中，通过寻找目标与背景偏振信息相关性最小的情况进行高效分离。复原后的图像细节信息丰富，可提高算法的鲁棒性和适用性。

从信息处理角度，需考虑如何兼容模糊图像的环境本质因素差异性，构建自适应能力更强的物理模型来恢复原始图像的真实大气环境。还应考虑如何利用帧间相似性去除冗余来提高视频去雾算法的处理效率，提升不同图像采集设备的环境适应性和兼容性，强化图像去雾算法在多领域低能见度图像恢复中的可应用性，实现去雾融合方法智能化，避免用人工调整参数的方式来校正结果产生的偏差，如图 6-4 所示。

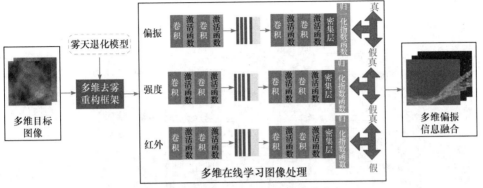

图 6-4　智能去雾的偏振信息融合术

2) 基于多源遥感图像的信息融合技术

随着现代成像技术的发展，多光谱、夜视、视频、立体相机等新型遥感图像的融合是未来新的研究热点。多模融合成像系统能够将多模成像装置与多模图像融合为一体，既解决了数据获取的问题，同时又能够结合硬件设计降低图像融合难度，提升融合性能，是多源图像融合技术的发展趋势。但多信息融合方法的使用和测试仍缺少可靠资料与数据，这也是研究复杂场景下的偏振信息智能融合能力的短板。

多源遥感图像融合呈现出数据来源多样化、融合目标应用化、融合框架多样化的新特点，如图 6-5 所示。不仅仅是遥感图像数据，地理信息数据等其他类型的数据也可与多源遥感图像进行融合；融合的目标不仅为了提升图像的质量或分辨率，更多是为了解决遥感应用中的地物分类或参数定量反演问题[242]。

3) 基于深度学习的偏振图像处理技术

随着偏振图像处理研究的深入，由于复杂度越来越大，步骤越来越多，大部分对于偏振信息和强度信息的处理，均是针对同样的采集或分解流程，而没有针对偏振物质特有属性和偏振图像特点，传统的图像处理方法已经力不从心。而深度学习网络可以自动学习图像特征，训练较优的权重，客观评价指标也明显优于传统方法。

利用偏振信息特征提取实现清晰成像，将神经网络与偏振信息相结合，是偏振信息融合技术的新探索。需开展线偏振光、圆偏振光等不同光源入射时分离效果的研究；以偏振度、偏振角信息作为输入的网络训练作用于成像效果的研究；高、低偏振度物体同时存在分离效果研究；目标与背景偏振特征信息同时提取、按特征分离研究。

与场景实用性紧密相关的可解释性方面的理论与技术，与收集可靠场景的多信息源数据融合，具有重要意义。深入探寻深度学习可解释性方面的理论，是提高算法稳定性，解决其在复杂场景适用性的必要路径，也是在复杂场景下智能感知克服理论障碍从而灵活使用的过程。

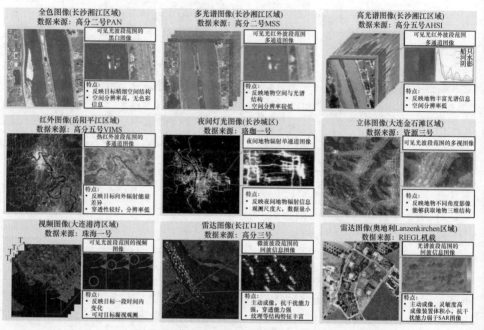

图 6-5   典型多源遥感图像及其图像特点

4) 偏振图像评价体系的标准化

尽管研究者们提出了很多图像去雾算法，由于缺乏统一、客观的评价标准，往往只能通过自定义标准主观评价不同去雾算法的优劣，给算法处理效果和适用场景的评估带来诸多不便。因此，建立一个客观标准的评测体系将会是今后研究的一个主要方向。

从融合效果和时间空间复杂度等多方面来真实评价融合算法的优缺点，可为后续改进提供一个具有针对性的参考方向，也可为该领域实际应用问题的解决提供更为完善的方案。研究和获得自适应、动态高效的图像融合技术是目前需要解决的首要问题，优化和平衡算法复杂度与实时性之间的关系将是今后的主要发展方向。此外，还应将交通导航、道路监控等视频融合领域作为研究重点，进一步提高融合算法在其他天气场景下应用的可行性，并建立一套客观标准的图像评价体系。

6.6   偏振核心器件技术

近年来，偏振探测技术表现出由线偏振探测向全偏振探测发展，由分时探测向同步探测发展，由体积大、结构复杂的偏振探测系统向小型化、集成度高的探测系统发展的趋势。这一发展趋势要求我们在开展偏振探测技术研究的同时，还要开展与偏振探测相关的支撑技术研究。这些支撑技术主要包括高性能偏振片、微纳偏振器件等。

1) 高性能偏振片

偏振片是偏振光学系统的核心元件，其形式有偏振棱镜、金属光栅、可调谐液晶偏振片、声光调谐偏振片等。受国内光刻工艺和微加工手段限制，目前国内研制的偏振成像探测装置所使用的偏振器件基本依赖进口偏振器件。针对这种卡脖子现状，迫切需要开展包括偏振材料开发、偏振片加工工艺的设计和可调谐偏振片的控制方法的研究，具体开展高光谱偏振棱镜技术、细分光谱偏振棱镜技术、微纳米金属光栅偏振片制备技术、刻蚀新工艺、宽波段液晶调谐(LCTF)偏振技术、相位可变延迟偏振(LCVR)技术和声光可调谐滤光技术研究，以达到获得高消光比、宽光谱波段、制备简单、应用灵活的国产偏振片的目的。

2) 微纳偏振器件技术

针对小型化实时全偏振探测需求，需要开展分焦平面微偏振探测器制备、亚波长金属光栅微结构设计及探测器耦合工艺、单片集成金属光栅结构的探测器结构设计及新工艺、微偏振探测器性能评价等研究，从而研制出高分辨率、高信噪比的小型同步偏振成像探测器件。

将亚波长金属光栅结构与光学探测器耦合，具有改进和取代传统光学器件的潜力，达到减少光路元件、增加系统灵活性的目的，实现偏振探测器的微型化和集成化[243,244]。未来亚波长金属光栅将从单层结构向多层结构，从一维结构向多维结构，从单周期结构到双周期交叉结构，从理论研究向实验制备方向发展，适用波段向太赫兹及紫外波段拓展。

3) 光学超表面偏振器件

超表面能够通过控制入射光的振幅、相位和偏振来设计各种偏振器件。这属于二维超材料的范畴，是由亚波长共振单元按照需求排列形成的亚波长二维平面结构[245]，如图 6-6 所示。光学超表面通过调节共振单元的几何形状、尺寸等参数，来设计光与共振单元的相互作用效果，从而实现对电磁波特性的调控，如图 6-7 所示。其通用性以及易于在芯片上制造和集成的特点，使其成为一个发展迅速的研究领域。许多基于超表面的超紧凑型平面光学元件得到了证明和实现，如光束转向器、表面波耦合器、聚焦透镜、光学全息图、波片、滤波器等。虽然基于超表面的偏振探测技术取得了喜人的进展，但距离超表面偏振探测器件的实用化、产品化、产业化尚有很长的路要走，仍有一些挑战需要克服。该领域未来的研究可以从以下几个方面开展。

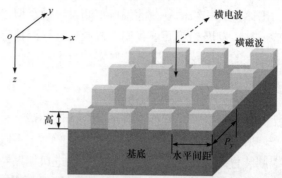

图 6-6　二维亚波长金属光栅结构图

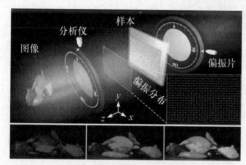

(a) 红、绿双色入射光实验结果

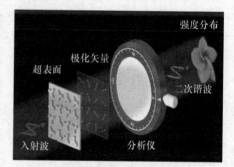

(b) 光学加密的非线性矢量超表面示意图

图 6-7　光学超表面偏振探测示意图

(1) 超表面的材料和结构一旦确定，其功能往往也固定下来。因此到目前为止，大多数基于超表面的偏振探测器或功能单一，或工作频率受限。利用光学特性动态可调(如热调控、电调控等) 的材料制作偏振超表面，可以获得动态调控的偏振器件，对于偏振信息的发展具有重要意义。

(2) 偏振信息调控器件与电子元器件实现片上高效集成，能够有效提升器件的集成化、高响应度，也将有效降低偏振信息获取装备的制造成本，对于偏振信息功能的应用推广具有重要的价值。

4) 光纤偏振器件

光纤偏振器件的地位和作用越来越重要，并已成为光纤通信和光纤传感领域不可或缺的一部分。设计插入损耗小、耦合效率高、分光比可调并可实现特殊耦合的光纤偏振耦合器，将会是未来的业内焦点。未来几年内，保偏空芯光纤的研究将主要侧重于保偏空芯反谐振型光纤研究与设计、制备工艺的优化，它借助包层区域光场局域相干相消，具有更低的模场石英重叠度、更低的表面散射损耗、更宽的导光通带和更好的模式纯度，相信高性能低损耗的保偏空芯反谐振光纤的拉制成功必将推动相关应用领域的发展。

6.7 偏振探测新兴技术

1) 强激光驱动高能极化正负电子束与偏振伽马射线

高能自旋极化正负电子束与偏振伽马射线在高能物理、实验室天体物理与核物理等领域有十分重要的应用。近年来随着超短超强激光脉冲技术的快速发展,利用强激光与物质相互作用的非线性康普顿散射和多光子过程为制备高极化度、高束流密度的高能极化粒子束提供了新的可能。随着超短超强激光大科学装置的快速发展,强激光驱动的强场量子电动力学效应研究已经成为当前热点。研究产生粒子的自旋信息或许可以为实验提供区别背景噪声的定性探测证据;利用偏振伽马光或极化粒子与等离子体散射,可以在自旋维度上对等离子体的状态进行更加细致的诊断等。这些潜在的应用价值与广阔的应用前景可以帮助人们对微观与宏观世界有更深入的理解[246]。

2) 偏振三维成像技术

漫反射偏振三维成像技术依赖表面反射光中的漫反射分量来恢复物体表面形状,其成像效果如图 6-8 所示。与基于镜面反射的偏振三维成像技术相比,该技术在不同材质表面的适用性更强[247]。然而,漫反射偏振三维成像技术大多要求空间物体的反射遵从理想朗伯体模型,但现实场景中目标表面的反射光成分较为复杂,通常存在镜面反射分量干扰,使得目标表面的局部三维成像结果有误差。因此,开展对于镜面反射-漫反射分离技术的研究,提高漫反射偏振三维成像技术的应用范围迫在眉睫。无论对于基于镜面反射还是漫反射的偏振三维成像技术,进一步研究消除入射角和方位角歧义值的方法都十分必要。此外,对于同时包含镜面反射与漫反射信息的物体表面出射光,如何利用偏振特性实现两种不同特性信息光的分离,并实现目标绝对深度信息的获取,是偏振三维成像技术未来研究的重要方向,也是其走向实际应用过程中亟待解决的难点。另外,漫反射偏振三维成像技术对自然场景内单个目标可实现高精度的形貌恢复,但是对于场景内存在多个不连续目标的情况,受表面间断点的影响,其表面的高精度恢复尚且受限。所以针对场景内多个不连续目标的三维重建问题,研究人员仍需要开展进一步的研究。

3) 仿生偏振视觉技术

模仿昆虫复眼对偏振光的敏感机理提出并开发的偏振光导航方法,是近些年刚出现的新概念,图 6-9 为仿生偏振视觉功能示意图。虽然目前环境偏振光分布规律等许多关键问题仍不是很清楚,处于研究开发阶段,但已有的研究成果已表明该导航方法具有完全自主、误差不随时间累积和实时性好等优点,研究和开发仿生偏振光导航传感器已成为仿生及导航研究领域的热点。

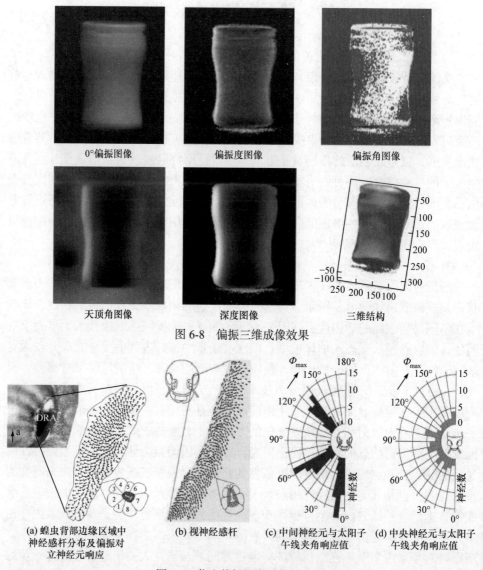

图 6-8　偏振三维成像效果

图 6-9　仿生偏振视觉功能示意图

目前，偏振光导航传感器研究领域主要以微型化为发展趋势，研究与开发一种完全自主化，并具有结构紧凑、实时性好、成本低等优点的新型导航定位技术及系统具有重要的研究意义与实际应用价值，可为交通运输、科学研究及资源勘测等社会各领域提供一种行之有效的导航手段，进而产生显著的经济效益和社会效益。但仿生偏振视觉系统复杂，影响因素众多，仍然存在许多问题有待研究，例如，颜色识别和偏振系统之间如何平衡，视觉神经纤维内外的信息如何处理，以及如何将两只眼睛的信息有效地结合起来，仿生偏振视觉技术仍处于初步发展阶段，将仿生偏振的视觉优势深入开发，仍存在较大的挑战与研究价值。

4) 光场偏振成像技术

图 6-10 为光场偏振成像技术原理图，构建物理上能实现的具有特殊空间相干结构的新型相干结构光场需要满足一定的限定性条件，因此获得满足这些限定条件的光场相对困难。早期研究者们仅对贝塞尔关联光束和朗伯体光源等有限的几种光束进行研究。对于具有其他相干性结构的新型相干结构光场研究的局限限制了该领域的发展。对于新型均匀相干结构光场的理论构建和实验产生已有大量文献发表，而对于新型非均匀相干结构光场的产生，目前报道相对较少，其中一方面原因是受到实验条件限制。然而，新型非均匀相干结构光场有着异于新型均匀相干结构光场的新奇传输特性。因此，对不同种类的新型非均匀相干结构光场的构建和实验产生是后续需要关注的研究领域。

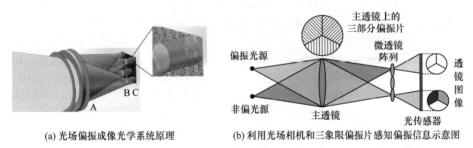

(a) 光场偏振成像光学系统原理　　　　　(b) 利用光场相机和三象限偏振片感知偏振信息示意图

图 6-10　光场偏振成像技术原理图

6.8　本章小结

本章介绍了偏振成像探测的发展趋势与展望，这些内容涉及的理论、技术、器件等基本反映了未来的重点研究方向。同时应该说明，随着学科交叉及科学技术的快速发展，偏振成像探测的基础研究和应用研究已经呈现出蓬勃发展和广泛应用的新形势和新动态，非常值得科技工作者关注。

参 考 文 献

[1] 惠更斯. 光论[M]. 蔡勖, 译. 北京: 北京大学出版社, 2007.

[2] Volobuev A N. Interaction of the electromagnetic field with substance[M]. New York: Nova Science Publishers, Incorporated, 2013.

[3] 陶家顺, 许卫锋, 陈旭锽. 内置型偏光片技术的研究进展[J]. 液晶与显示, 2021, 36(2): 538-548.

[4] 廖延彪. 偏振光学[M]. 北京: 科学出版社, 2003.

[5] 赵凯华, 钟锡华. 光学[M]. 北京: 北京大学出版社, 1984

[6] 马科斯·玻恩, 埃米尔·沃耳夫. 光学原理[M]. 杨葭荪, 译. 北京: 电子工业出版社, 2005.

[7] Goldstein D H. Polarized light[M]. 3rd ed. Boca Raton: CRC Press, 2017.

[8] Parke III N G. Optical algebra[J]. Journal of Mathematics and Physics, 1949, 28(1-4): 131-139.

[9] Atkinson G A, Hancock E R. Shape estimation using polarization and shading from two views[J]. IEEE Transactions on Pattern Analysis and Machine Intelligence, 2007, 29(11): 2001-2017.

[10] Miyazaki D, Ikeuchi K. Inverse polarization raytracing: Estimating surface shapes of transparent objects[C] Conference on Computer Vision and Pattern Recognition, San Diego, 2005: 910-917.

[11] Miyazaki D, Kagesawa M, Ikeuchi K. Transparent surface modeling from a pair of polarization images[J]. IEEE Transactions on Pattern Analysis and Machine Intelligence, 2004, 26 (1): 73-82.

[12] Morel O, Stolz C, Meriaudeau F, et al. Active lighting applied to three-dimensional reconstruction of specular metallic surfaces by polarization imaging[J]. Applied Optics, 2006, 45(17): 4062-4068.

[13] Yang J, Di X, Yue C, et al. Polarization analysis on reflected light and three-dimensional measurement of object shape[J]. Acta Optica Sinica, 2008, 28(11): 2115-2119.

[14] Li J, Zhu J P, Qi C, et al. Static Fourier-transform hyperspectral imaging full polarimetry[J]. Acta Physica Sinica, 2013, 62(4): 185-190.

[15] Namer E, Shwartz S, Schechner Y Y. Skyless polarimetric calibration and visibility enhancement[J]. Optics Express, 2009, 17(2): 472-493.

[16] Leonard I, Alfalou A, Brosseau C. Sensitive test for sea mine identification based on polarization-aided image processing[J]. Optics Express, 2013, 21(24): 29283-29297.

[17] Mudge J, Virgen M. Real time polarimetric dehazing[J]. Applied Optics, 2013, 52(9): 1932-1938.

[18] Fang S, Xia X S, Huo X, et al. Image dehazing using polarization effects of objects and airlight[J]. Optics Express, 2014, 22(16): 19523-19537.

[19] Liang J, Ren L Y, Ju H J, et al. Visibility enhancement of hazy images based on a universal polarimetric imaging method[J]. Journal of Applied Physics, 2014, 116(17): 6-13.

[20] Zhao R, Gu G, Yang W. Visible light image enhancement based on polarization imaging[J]. Laser Technology, 2016, 40(2): 227-231.

[21] Walker J G, Chang P C Y, Hopcraft K I. Visibility depth improvement in active polarization imaging in scattering media[J]. Applied Optics, 2000, 39(27): 4933-4941.

[22] Qiang F, Zhu J P, Zhang Y Y, et al. Reconstruction of polarization parameters in channel modulated polarization imaging system[J]. Acta Physica Sinica, 2016, 65(13): 9-10.

[23] Li J, Zhu J P, Zhang Y Y, et al. Spectral zooming birefringent imaging spectrometer[J]. Acta Physica Sinica, 2013, 62(2): 8-12.

[24] Nothdurft R, Yao G. Applying the polarization memory effect in polarization-gated subsurface imaging[J]. Optics Express, 2006, 14(11): 4656-4661.

[25] Ni X H, Kartazayeva S A, Wang W B, et al. Polarization memory effect and visibility improvement of targets in turbid media[C]. Conference on Optical Tomography and Spectroscopy of Tissue VII, San Jose, 2007.

[26] Denes L J, Gottlieb M, Kaminsky B, et al. Spectro-polarimetric imaging for object recognition[C] 26th AIPR Workshop on Exploiting New Image Sources and Sensors, Washington, D.C., 1998: 8-18.

[27] Zhang X G, Jiang Y S, Zhao Y M. Application of polarimetric imaging in target detection[J]. Opto-Electronic Engineering, 2008, 35(12): 59-62.

[28] Goldstein D H. Polarimetric characterization of federal standard paints[C]. Conference on Polarization Analysis, Measurement, and Remote Sensing III, San Diego, 2000: 112-123.

[29] Forssell G, Hedborg-Karlsson E. Measurements of polarization properties of camouflaged objects and of the denial of surfaces covered with cenospheres[C]. Conference on Target and Backgrounds IX, Orlando, 2003: 246-258.

[30] Egan W G, Duggin M J. Optical enhancement of aircraft detection using polarization[C]. Conference on Polarization Analysis, Measurement, and Remote Sensing III, San Diego, 2000: 172-178.

[31] Egan W G, Duggin M J. Synthesis of optical polarization signatures of military aircraft[C]. Conference on Polarization Analysis, Measurement and Remote Sensing IV, San Diego, 2002: 188-194.

[32] Chen H, Wolff L B. Polarization phase-based method for material classification in computer vision[J]. International Journal of Computer Vision, 1998, 28(1): 73-83.

[33] Zallat J, Grabbling P, Takakura Y. Using polarimetric imaging for material classification[J]. Proceedings 2003 International Conference on Image Processing (Cat. No.03CH37429), 2003, 823: II-827-II-II-830.

[34] Thilak V, Creusere C D, Voelz D G, et al. Material classification using passive polarimetric imagery[C]. IEEE International Conference on Image Processing (ICIP 2007), San Antonio, 2007: 1817-1820.

[35] Tominaga S, Kimachi A. Polarization imaging for material classification[J]. Optical Engineering, 2008, 47(12): 14-20.

[36] Hyde M W, Schmidt J D, Havrilla M J, et al. Enhanced material classification using turbulence-degraded polarimetric imagery[J]. Optics Letters, 2010, 35(21): 3601-3603.

[37] Hyde M W, Cain S C, Schmidt J D, et al. Material classification of an unknown object using

turbulence-degraded polarimetric imagery[J]. IEEE Transactions on Geoscience and Remote Sensing, 2011, 49(1): 264-276.

[38] Cao H, Qiao Y, Yang W, et al. Characterization and analysis of the polarization images in remote sensing[J]. Chinese Journal of Quantum Electronics, 2002, 19(4): 371-378.

[39] Oka K, Kaneko T. Compact complete imaging polarimeter using birefringent wedge prisms[J]. Optics Express, 2003, 11(13): 1510-1519.

[40] Oka K, Saito N. Snapshot complete imaging polarimeter using Savart plates[C]. 8th Conference on Infrared Detectors and Focal Plane Arrays, San Diego, 2006.

[41] Luo H, Oka K, DeHoog E, et al. Compact and miniature snapshot imaging polarimeter[J]. Applied Optics, 2008, 47(24): 4413-4417.

[42] DeHoog E, Luo H T, Oka K, et al. Snapshot polarimeter fundus camera[J]. Applied Optics, 2009, 48(9): 1663-1667.

[43] Kudenov M W, Escuti M J, Dereniak E L, et al. White-light channeled imaging polarimeter using broadband polarization gratings[J]. Applied Optics, 2011, 50(15): 2283-2293.

[44] Cao Q Z, Zhang C M, DeHoog E. Snapshot imaging polarimeter using modified Savart polariscopes[J]. Applied Optics, 2012, 51(24): 5791-5796.

[45] Kudenov M W, Jungwirth M E L, Dereniak E L, et al. White light Sagnac interferometer for snapshot linear polarimetric imaging[J]. Optics Express, 2009, 17(25): 22520-22534.

[46] Kudenov M W, Dereniak E L. Compact snapshot real-time imaging spectrometer[C]. Conference on Electro-Optical Remote Sensing, Photonic Technologies, and Applications V, Prague, 2011.

[47] Li J, Zhu J P, Wu H Y. Compact static Fourier transform imaging spectropolarimeter based on channeled polarimetry[J]. Optics Letters, 2010, 35(22): 3784-3786.

[48] Reginald N L, Gopalswamy N, Yashiro S, et al. Replacing the polarizer wheel with a polarization camera to increase the temporal resolution and reduce the overall complexity of a solar coronagraph[J]. Journal of Astronomical Telescopes Instruments and Systems, 2017, 3(1): 1-17.

[49] Moon I, Jaferzadeh K, Ahmadzadeh E, et al. Automated quantitative analysis of multiple cardiomyocytes at the single-cell level with three-dimensional holographic imaging informatics[J]. Journal of Biophotonics, 2018, 11(12): 12-22.

[50] van Amerongen A, Rietjens J, Campo J, et al. SPEXone: A compact multi-angle polarimeter[J]. Proceedings of the SPIE, 2018, 111(80): 1-14.

[51] Marbach T, Phillips P, Schlussel P. 3MI: The multi-viewing multi-channel multi-polarization imaging mission of the EUMETSAT Polar System-Second Generation (EPS-SG) dedicated to aerosol characterization[C]. International Radiation Symposium on Radiation Processes in the Atmosphere and Ocean (IRS), Berlin, 2013: 344-347.

[52] Marbach T, Phillips P, Lacan A, et al. The multi-viewing, -channel, -polarisation imager (3MI) of the EUMETSAT Polar System-Second Generation (EPS-SG) dedicated to aerosol characterisation[C]. Conference on Sensors, Systems, and Next-Generation Satellites XVII, Dresden, 2013.

[53] Twietmeyer K M, Chipman R A. Optimization of Mueller matrix polarimeters in the presence of error sources[J]. Optics Express, 2008, 16(15): 11589-11603.

[54] Seldomridge N L, Shaw J A, Repasky K S. Dual-polarization lidar using a liquid crystal variable retarder[J]. Optical Engineering, 2006, 45(10): 10-20.

[55] Bueno J M. Polarimetry using liquid-crystal variable retarders: Theory and calibration[J]. Journal of Optics a-Pure and Applied Optics, 2000, 2(3): 216-222.

[56] Guan Z J, Goudail F, Yu M X, et al. Contrast optimization in broadband passive polarimetric imaging based on color camera[J]. Optics Express, 2019, 27(3): 2444-2454.

[57] Anna G, Sauer H, Goudail F, et al. Fully tunable active polarization imager for contrast enhancement and partial polarimetry[J]. Applied Optics, 2012, 51(21): 5302-5309.

[58] Sato S. Liquid-crystal lens-cells with variable focal length [J]. Japanese Journal of Applied Physics, 1979, 18(9): 1679-1684.

[59] Garlick G F J, Steigmann G A, Lamb W E. Explanation of transient lunar phenomena based on lunar samples studies[J]. Nature, 1972, 235(5332): 39-45.

[60] Kudenov M W, Escuti M J, Hagen N, et al. Snapshot imaging Mueller matrix polarimeter using polarization gratings[J]. Optics Letters, 2012, 37(8): 1367-1369.

[61] He C, He H H, Chang J T, et al. Polarisation optics for biomedical and clinical applications: A review[J]. Light-Science & Applications, 2021, 10(1): 20-39.

[62] Ramella-Roman J C, Saytashev I, Piccini M. A review of polarization-based imaging technologies for clinical and preclinical applications[J]. Journal of Optics, 2020, 22(12): 123001-123019.

[63] He H H, Liao R, Zeng N, et al. Mueller matrix polarimetry-an emerging new tool for characterizing the microstructural feature of complex biological specimen[J]. Journal of Lightwave Technology, 2019, 37(11): 2534-2548.

[64] Qi J, Elson D S. Mueller polarimetric imaging for surgical and diagnostic applications: A review[J]. Journal of Biophotonics, 2017, 10(8): 950-982.

[65] Tuchin V V. Polarized light interaction with tissues[J]. Journal of Biomedical Optics, 2016, 21(7): 37-74.

[66] Ghosh N, Vitkin I A. Tissue polarimetry: Concepts, challenges, applications, and outlook[J]. Journal of Biomedical Optics, 2011, 16(11): 29-58.

[67] Azzam R M A. Photopolarimetric measurement of Mueller matrix by Fourier-analysis of a single detected signal [J]. Optics Letters, 1978, 2(6): 148-150.

[68] Goldstein D H. Mueller matrix dual-rotating retarder polarimeter[J]. Applied Optics, 1992, 31(31): 6676-6683.

[69] Chenault D B, Pezzaniti J L, Chipman R A. Mueller matrix algorithms[J]. Proceedings of the SPIE - The International Society for Optical Engineering, 1992, 1746: 231-246.

[70] Liu Y, York T, Akers W, et al. Complementary fluorescence-polarization microscopy using division-of-focal-plane polarization imaging sensor[J]. Journal of Biomedical Optics, 2012, 17(11): 4-8.

[71] Chang J, He H, Wang Y, et al. Division of focal plane polarimeter-based 3×4 Mueller matrix

microscope: A potential tool for quick diagnosis of human carcinoma tissues[J]. Journal of Biomedical Optics, 2016, 21(5): 1537-1545.

[72] Roussel S, Boffety M, Goudail F. On the optimal ways to perform full Stokes measurements with a linear division-of-focal-plane polarimetric imager and a retarder[J]. Optics Letters, 2019, 44(11): 2927-2930.

[73] Qi J, He C, Elson D S. Real time complete Stokes polarimetric imager based on a linear polarizer array camera for tissue polarimetric imaging[J]. Biomedical Optics Express, 2017, 8(11): 4933-4946.

[74] Dong Y, Qi J, He H H, et al. Quantitatively characterizing the microstructural features of breast ductal carcinoma tissues in different progression stages by Mueller matrix microscope[J]. Biomedical Optics Express, 2017, 8(8): 3643-3655.

[75] He H H, Zeng N, Du E, et al. Two-dimensional and surface backscattering Mueller matrices of anisotropic sphere-cylinder scattering media: A quantitative study of influence from fibrous scatterers[J]. Journal of Biomedical Optics, 2013, 18(4): 60021-60029.

[76] Goldstein D H, Chipman R A. Error analysis of a Mueller matrix polarimeter[J]. Journal of the Optical Society of America a-Optics Image Science and Vision, 1990, 7(4): 693-700.

[77] Arteaga O, Baldris M, Anto J, et al. Mueller matrix microscope with a dual continuous rotating compensator setup and digital demodulation[J]. Applied Optics, 2014, 53(10): 2236-2245.

[78] Chen Z H, Meng R Y, Zhu Y H, et al. A collinear reflection Mueller matrix microscope for backscattering Mueller matrix imaging[J]. Optics and Lasers in Engineering, 2020, 129: 60551-60556.

[79] Ma H, Huang T, Meng R, et al. Fast Mueller matrix microscope based on dual DoFP polarimeters[J]. Optics Letters, 2021, 46(7): 1676-1679.

[80] Qi J, Elson D S. A high definition Mueller polarimetric endoscope for tissue characterisation[J]. Scientific Reports, 2016, 6: 259521-259541.

[81] Clancy N T, Arya S, Qi J, et al. Polarised stereo endoscope and narrowband detection for minimal access surgery[J]. Biomedical Optics Express, 2014, 5(12): 4108-4117.

[82] Qi J, Ye M L, Singh M, et al. Narrow band 3×3 Mueller polarimetric endoscopy[J]. Biomedical Optics Express, 2013, 4(11): 2433-2449.

[83] Qi J, Barriere C, Wood T C, et al. Polarized multispectral imaging in a rigid endoscope based on elastic light scattering spectroscopy[J]. Biomedical Optics Express, 2012, 3(9): 2087-2099.

[84] Wood T C, Elson D S. Polarization response measurement and simulation of rigid endoscopes[J]. Biomedical Optics Express, 2010, 1(2): 463-470.

[85] Vizet J, Manhas S, Tran J, et al. Optical fiber-based full Mueller polarimeter for endoscopic imaging using a two-wavelength simultaneous measurement method[J]. Journal of Biomedical Optics, 2016, 21(7): 11061-11068.

[86] Rivet S, Bradu A, Podoleanu A. 70 kHz full 4×4 Mueller polarimeter and simultaneous fiber calibration for endoscopic applications[J]. Optics Express, 2015, 23(18): 23768-23786.

[87] Forward S, Gribble A, Alali S, et al. Flexible polarimetric probe for 3×3 Mueller matrix measurements of biological tissue[J]. Scientific Reports, 2017, 7: 119581-119592.

[88] Fu Y, Huang Z, He H, et al. Flexible 3x3 Mueller matrix endoscope prototype for cancer detection[J]. IEEE Transactions on Instrumentation & Measurement, 2018, 67(7): 1700-1712.

[89] Thilak V, Saini J, Voelz D, et al. Pattern recognition for passive polarimetric data using nonparametric classifiers[J]: Proceedings of the SPIE, 2005, 5888(16): 1-8.

[90] Flynn D, Alexander C. Polarized surface scattering expressed in terms of a bidirectional reflectance distribution function matrix[J]. Optical Engineering, 1995, 34(6): 1646-1650.

[91] Priest R G, Gerner T A. Polarimetric BRDF in the microfacet model: Theory and measurements[C]//Proceedings of the Meeting of the Military Sensing Symposia Specialty Group on Passive Sensors, Washington DC, 2000.

[92] Phong B T. Illumination for computer generated pictures[J]. Communications of the ACM, 1975, 18(6): 311-317.

[93] Hyde Iv M W, Schmidt J D, Havrilla M J. A geometrical optics polarimetric bidirectional reflectance distribution function for dielectric and metallic surfaces[J]. Optics Express, 2009, 17(24): 22138-22153.

[94] Zhang Y Y, Zhu J P. Endoscopic diffuse optical tomography for esophagus: Initial investigation[C]. 4th International Conference on Biomedical Engineering and Informatics, Shanghai, 2011: 277-280.

[95] Zhu J P, Wang K, Liu H, et al. Modified model of polarized bidirectional reflectance distribution function for metallic surfaces[J]. Optics and Laser Technology, 2018, 99(5): 160-166.

[96] Wang K, Zhu J P, Liu H. Degree of polarization based on the three-component pBRDF model for metallic materials[J]. Chinese Physics B, 2017, 26(2): 6.

[97] Wang K, Zhu J P, Liu H, et al. Expression of the degree of polarization based on the geometrical optics pBRDF model[J]. Journal of the Optical Society of America a-Optics Image Science and Vision, 2017, 34(2): 259-263.

[98] Liu H, Zhu J P, Wang K, et al. Polarized BRDF for coatings based on three-component assumption[J]. Optics Communications, 2017, 384(12): 118-124.

[99] Wang K, Zhu J P, Liu H, et al. Model of bidirectional reflectance distribution function for metallic materials[J]. Chinese Physics B, 2016, 25(9): 5.

[100] Liu H, Zhu J P, Wang K, et al. Three-component model for bidirectional reflection distribution function of thermal coating surfaces[J]. Chinese Physics Letters, 2016, 33(6): 4.

[101] Liu H, Zhu J P, Wang K. Modification of geometrical attenuation factor of bidirectional reflection distribution function based on random surface microfacet theory[J]. Acta Physica Sinica, 2015, 64(18): 6.

[102] Liu H, Zhu J P, Wang K. Modified polarized geometrical attenuation model for bidirectional reflection distribution function based on random surface microfacet theory[J]. Optics Express, 2015, 23(17): 22788-22799.

[103] Homma K, Shibayama M, Yamamoto H, et al. Water pollution monitoring using a hyperspectral imaging spectropolarimeter[C]. Conference on Multispectral and Hyperspectral Remote Sensing Instruments and Applications II, Honolulu, 2005: 419-426.

[104] Zheng C H, He W Q, Liu X H, et al. Recognizing Pollutant in Water by High-spectral

Reflectance and Polarization Information[J]. Remote Sensing Information, 2008, 24(3): 15-21.

[105] Yang Y, Wu Z, Cao Y. Research on the spectral scattering of target based on three-dimensional reconstruction theory[J]. Acta Optica Sinica, 2012, 32(9): 1-7.

[106] Koshikawa K. A polarimetric approach to shape understanding of glossy objects[C]. Proceedings of the 6th International Joint Conference on Artificial Intelligence, Tokyo, 1979.

[107] Saito M, Sato Y, Ikeuchi K, et al. Measurement of surface orientations of transparent objects by use of polarization in highlight[J]. Journal of the Optical Society of America a-Optics Image Science and Vision, 1999, 16(9): 2286-2293.

[108] Wolff L B, Boult T E. Constraining object features using a polarization reflectance model [J]. IEEE Transactions on Pattern Analysis and Machine Intelligence, 1991, 13(7): 635-657.

[109] Cai Y D, Han P L, Liu F, et al. Polarization-based extracting diffuse reflection from light-field of object surface[J]. Acta Physica Sinica, 2020, 234210: 1-10.

[110] Miyazaki D, Shigetomi T, Baba M, et al. Surface normal estimation of black specular objects from multiview polarization images[J]. Optical Engineering, 2017, 041303: 1-17.

[111] Miyazaki D, Kagesawa M, Ikeuchi K. Determining shapes of transparent objects from two polarization images[C]. Proceedings of the IAPR Conference on Machine Vision Application, Nara, 2002.

[112] Guan J G, Zhu J P. Target detection in turbid medium using polarization-based range-gated technology[J]. Optics Express, 2013, 21(12): 14152-14158.

[113] Atkinson G A, Hancock E R. Recovery of surface orientation from diffuse polarization[J]. IEEE Transactions on Image Processing, 2006, 15(6): 1653-1664.

[114] Mahmoud A H, El-Melegy M T, Farag A A, et al. Direct method for shape recovery from polarization and shading[C]. 19th IEEE International Conference on Image Processing (ICIP), Lake Buena Vista, 2012: 1769-1772.

[115] Mahmoud A H, El-Melegy M T, Farag A A. Direct method for shape recovery from polarization and shading[J]. 19th IEEE International Conference on Image Processing, Orlando, 2012: 1769-1772.

[116] Cui Z, Gu J, Shi B, et al. Polarimetric multi-view stereo[C]. IEEE Conference on Computer Vision and Pattern Recognition (CVPR), Hawaii, 2017: 369-378.

[117] Kadambi A, Taamazyan V, Shi B X, et al. Depth sensing using geometrically constrained polarization normals[J]. International Journal of Computer Vision, 2017, 125(1-3): 34-51.

[118] Kadambi A, Taamazyan V, Shi B X, et al. Polarized 3D: High-quality depth sensing with polarization cues[C]. IEEE International Conference on Computer Vision, Santiago, 2015: 3370-3378.

[119] Li X, Liu F, Han P L, et al. Near-infrared monocular 3D computational polarization imaging of surfaces exhibiting nonuniform reflectance[J]. Optics Express, 2021, 29(10): 15616-15630.

[120] Sun X, Zhao H. Retrieval algorithm for optical parameters of aerosol over land surface from polder data[J]. Acta Optica Sinica, 2009, 29(7): 1772-1777.

[121] Sun X B, Hong J, Qiao Y L. Investigation of measurements of polarized properties of atmospheric scattering radiation[J]. Chinese journal of quantum electronics, 2005, 22(1):

111-115.

[122] Zhao Y M, Jiang Y S, Lu X M. Theory analysis of polarization characteristic of the light scattered by the aerosol[J]. Infrared Laser Engineering, 2007, 36(6): 862-865.

[123] Cheng T H, Gu X F, Chen L F, et al. Multi-angular polarized characteristics of cirrus clouds[J]. Acta Physica Sinica, 2008, 57(8): 5323-5332.

[124] Zhao Y, Jiang Y, Zhang X, et al. Research on the depolarization ratio characteristic of the aerosol in the atmosphere with the CALIPSO satellite data[J]. Acta Optica Sinica, 2009, 29(11): 2943-2951.

[125] Elders J P, Azene H M, Betraun G T, et al. Aerosol polarimeter sensor (APS) contamination control requirements and implementation[C]. Conference on Optical System Contamination: Effects, Measurements, and Control, San Diego, 2010.

[126] Zhao Y S, Wu T X, Luo Y J, et al. Research on quantitative relation between polarized bidirectional reflectance and bidirectional reflectance of water-surface oil spill[J]. Journal of Remote Sensing, 2006, 10(3): 294-298.

[127] Zhao L L, Zhao Y S, Du J, et al. Study on multi-angle polarized reflectance spectrum of polluted water[J]. Advances in Water Science, 2007, 18(1): 118-122.

[128] 韩阳, 陈春林. 城市生活污水偏振反射特性研究[J]. 环境与发展, 2011, 23(Z1): 112-114.

[129] Du J, Zhao Y S, Song K S, et al. Relationship between solar zenith angle and degree of polarization of soil in polarized remote sensing[J]. Scientia Geographica Sinica, 2007, 27(5): 707-710.

[130] Zhao Y S, Wu T X, Hu X L, et al. Study on quantitative relation between multi-angle polarized reflectance and bidirectional reflectance[J]. Journal of Infrared and Millimeter Waves, 2005, 24(6): 441-444.

[131] Zhao L L, Zhao Y S. The study of exploring major minerals on the lunar surface with multi-angle polarization technology[J]. Progress in Geophysiscs, 2006, 21(3): 1004-1007.

[132] 张荞, 孙晓兵. 不同湿度的低植被覆盖土壤表面偏振特性研究[J]. 光谱学与光谱分析. 2010, (11): 3086-3092.

[133] 赵一鸣, 江月松. 利用偏振度研究混合目标的混合比[J]. 光学技术, 2007, (S1): 49-51.

[134] 张绪国, 江月松, 赵一鸣. 偏振成像在目标探测中的应用[J]. 光电工程, 2008, 35(12): 59-62.

[135] Sun Z Q, Zhao Y S, Yan G Q, et al. Analysis of influencing factors of snow hyperspectral polarized reflections[J]. Spectroscopy and Spectral Analysis, 2010, 30(2): 406-410.

[136] Vanderbilt V C, Grant L, Daughtry C S T. Polarization of light scattered by vegetation [J]. Proceedings of the IEEE, 1985, 73(6): 1012-1024.

[137] Breon F M, Tanre D, Lecomte P, et al. Polarized reflectance of bare soils and vegetation-measurements and models[J]. IEEE Transactions on Geoscience and Remote Sensing, 1995, 33(2): 487-499.

[138] Frisch K V. The Polarization of the sky light as a factor in the bees' dances[J]. Experientia, 1949, 5(4): 142-148.

[139] Iida F, Lambrinos D. Navigation in an autonomous flying robot by using a biologically inspired

visual odometer[C]. Conference on Sensor Fusion and Decentralized Control in Robotic Systems III, Boston, 2000: 86-97.

[140] Wang C, Zhang N, Li D, et al. Calculation of heading angle using all-sky atmosphere polarization[J]. Opto-Electronic Engineering, 2015, 42(12): 60-66.

[141] Zhang Y, Zhang Y, Zhao H J. A skylight polarization model of various weather conditions[J]. Journal of Infrared and Millimeter Waves, 2017, 36(4): 453-459.

[142] 刘贝. 基于视场分割的仿生复眼系统设计方法[J]. 机械与电子, 2021, 39(8): 63-67.

[143] Ramella-Roman J C, Saytashev I, Piccini M. A review of polarization-based imaging technologies for clinical and preclinical applications[J]. Journal of Optics, 2020, 22(12): 123-140.

[144] Liu T, Lu M, Chen B G, et al. Distinguishing structural features between Crohn's disease and gastrointestinal luminal tuberculosis using Mueller matrix derived parameters[J]. Journal of Biophotonics, 2019, 12(12): 726-737.

[145] Dong Y, Wan J C, Si L, et al. Deriving polarimetry feature parameters to characterize microstructural features in histological sections of breast tissues[J]. IEEE Transactions on Biomedical Engineering, 2021, 68(3): 881-892.

[146] Jacques S L, Ramella-Roman J C, Lee K. Imaging skin pathology with polarized light[J]. Journal of Biomedical Optics, 2002, 7(3): 329-340.

[147] Du E, He H H, Zeng N, et al. Mueller matrix polarimetry for differentiating characteristic features of cancerous tissues[J]. Journal of Biomedical Optics, 2014, 19(7): 579-586.

[148] Antonelli M R, Pierangelo A, Novikova T, et al. Mueller matrix imaging of human colon tissue for cancer diagnostics: How Monte Carlo modeling can help in the interpretation of experimental data[J]. Optics Express, 2010, 18(10): 10200-10208.

[149] Novikova T, Pierangelo A, Manhas S, et al. The origins of polarimetric image contrast between healthy and cancerous human colon tissue[J]. Applied Physics Letters, 2013, 102(24): 601-604.

[150] Pierangelo A, Manhas S, Benali A, et al. Multispectral Mueller polarimetric imaging detecting residual cancer and cancer regression after neoadjuvant treatment for colorectal carcinomas[J]. Journal of Biomedical Optics, 2013, 18(4): 460-468.

[151] Chung J R, Jung W Y, Hammer-Wilson M J, et al. Use of polar decomposition for the diagnosis of oral precancer[J]. Applied Optics, 2007, 46(15): 3038-3045.

[152] Pierangelo A, Nazac A, Benali A, et al. Polarimetric imaging of uterine cervix: A case study[J]. Optics Express, 2013, 21(12): 14120-14130.

[153] Sun M H, He H H, Zeng N, et al. Characterizing the microstructures of biological tissues using Mueller matrix and transformed polarization parameters[J]. Biomedical Optics Express, 2014, 5(12): 4223-4234.

[154] Lim L G, Wang W F, Srivastava S, et al. Roles of linear and circular polarization properties and effect of wavelength choice on differentiation between ex vivo normal and cancerous gastric samples using polarimetry imaging[J]. Gastroenterology, 2014, 146(5): 4602-4606.

[155] He C, Chang J T, Hu Q, et al. Complex vectorial optics through gradient index lens cascades[J]. Nature Communications, 2019, 10: 4264-4271.

[156] Tokarz D, Cisek R, Golaraei A, et al. Ultrastructural features of collagen in thyroid carcinoma tissue observed by polarization second harmonic generation microscopy[J]. Biomedical Optics Express, 2015, 6(9): 3475-3480.

[157] He H H, Sun M H, Zeng N, et al. Mapping local orientation of aligned fibrous scatterers for cancerous tissues using backscattering Mueller matrix imaging[J]. Journal of Biomedical Optics, 2014, 19(10): 6007-6014.

[158] Wang Y, He H H, Chang J T, et al. Mueller matrix microscope: A quantitative tool to facilitate detections and fibrosis scorings of liver cirrhosis and cancer tissues[J]. Journal of Biomedical Optics, 2016, 21(7): 9-12.

[159] Dubreuil M, Babilotte P, Martin L, et al. Mueller matrix polarimetry for improved liver fibrosis diagnosis[J]. Optics Letters, 2012, 37(6): 1061-1063.

[160] Oldenbourg R. A new view on polarization microscopy[J]. Nature, 1996, 381(6585): 811-812.

[161] Arteaga O, Freudenthal J, Wang B L, et al. Mueller matrix polarimetry with four photoelastic modulators: Theory and calibration[J]. Applied Optics, 2012, 51(28): 6805-6817.

[162] Huang T Y, Meng R Y, Qi J, et al. Fast Mueller matrix microscope based on dual DoFP polarimeters[J]. Optics Letters, 2021, 46(7): 1676-1679.

[163] Lu S Y, Chipman R A. Interpretation of Mueller matrices based on polar decomposition[J]. Journal of the Optical Society of America a-Optics Image Science and Vision, 1996, 13(5): 1106-1113.

[164] He H, Zeng N, Du E, et al. A possible quantitative Mueller matrix transformation technique for anisotropic scattering media/Eine mogliche quantitative Müller-Matrix-Transformations-Technik für anisotrope streuende Medien[J]. Photonics & Lasers in Medicine, 2013, 2(2): 102-110.

[165] Li P C, Lv D H, He H H, et al. Separating azimuthal orientation dependence in polarization measurements of anisotropic media[J]. Optics Express, 2018, 26(4): 3791-3800.

[166] Li P C, Tariq A, He H H, et al. Characteristic Mueller matrices for direct assessment of the breaking of symmetries[J]. Optics Letters, 2020, 45(3): 706-709.

[167] He C, He H H, Li X P, et al. Quantitatively differentiating microstructures of tissues by frequency distributions of Mueller matrix images[J]. Journal of Biomedical Optics, 2015, 20(10): 9-15.

[168] Yun T L, Zeng N, Li W, et al. Monte Carlo simulation of polarized photon scattering in anisotropic media[J]. Optics Express, 2009, 17(19): 16590-16602.

[169] Du E, He H H, Zeng N, et al. Two-dimensional backscattering Mueller matrix of sphere-cylinder birefringence media[J]. Journal of Biomedical Optics, 2012, 17(12): 7-8.

[170] Dong Y, Wan J C, Wang X J, et al. A polarization-imaging-based machine learning framework for quantitative pathological diagnosis of cervical precancerous lesions[J]. IEEE Transactions on Medical Imaging, 2021, 40(12): 3728-3738.

[171] Backman V, McGilligan J A. Detection of preinvasive cancer cells[J]. Nature, 2000, 408(6791): 35-36.

[172] Jain R K, Martin J D, Stylianopoulos T. The role of mechanical forces in tumor growth and therapy[J]. Annual Review of Biomedical Engineering, 2014, 16(2): 321-346.

[173] Fu Y F, Huang Z W, He H H, et al. Flexible 3 x 3 Mueller matrix endoscope prototype for cancer detection[J]. IEEE Transactions on Instrumentation and Measurement, 2018, 67(7): 1700-1712.

[174] He H H, He C, Chang J T, et al. Monitoring microstructural variations of fresh skeletal muscle tissues by Mueller matrix imaging[J]. Journal of Biophotonics, 2017, 10 (5): 664-673.

[175] Dong Y, He H H, Sheng W, et al. A quantitative and non-contact technique to characterise microstructural variations of skin tissues during photo-damaging process based on Mueller matrix polarimetry[J]. Scientific Reports, 2017, 7: 14702-14712.

[176] Liu T, Sun T, He H H, et al. Comparative study of the imaging contrasts of Mueller matrix derived parameters between transmission and backscattering polarimetry[J]. Biomedical Optics Express, 2018, 9(9): 4413-4428.

[177] 韩晓爽, 刘德庆, 栾晓宁, 等. 基于激光诱导时间分辨荧光的原油识别方法研究[J]. 光谱学与光谱分析, 2016, 36(2): 445-448.

[178] 栾晓宁, 张锋, 郭金家, 等. 基于穆勒矩阵的模拟溢油样品荧光偏振特性研究[J]. 光谱学与光谱分析, 2018, 38(2): 467-474.

[179] 陆敏, 王治乐, 高萍萍, 等. 海面油膜的偏振反射特性仿真实验[J]. 红外与激光工程, 2020, 49(4): 241-247.

[180] Rowe M P, Pugh E N, Tyo J S, et al. Polarization-difference imaging: A biologically inspired technique for observation through scattering media[J]. Optics Letters, 1995, 20(6): 608-610.

[181] Tyo J S, Rowe M P, Pugh E N, et al. Target detection in optically scattering media by polarization-difference imaging[J]. Applied Optics, 1996, 35(11): 1855-1870.

[182] Tyo J S. Enhancement of the point-spread function for imaging in scattering media by use of polarization-difference imaging[J]. Journal of the Optical Society of America a-Optics Image Science and Vision, 2000, 17(1): 1-10.

[183] Miller D A, Dereniak E L. Selective polarization imager for contrast enhancements in remote scattering media[J]. Applied Optics, 2012, 51(18): 4092-4102.

[184] Guan J G, Zhu J P, Tian H, et al. Real-time polarization difference underwater imaging based on Stokes vector[J]. Acta Physica Sinica, 2015, 64(22): 224203-224209.

[185] Han P L, Liu F, Wei Y, et al. Optical correlation assists to enhance underwater polarization imaging performance[J]. Optics and Lasers in Engineering, 2020, 134: 106256-106261.

[186] Demos S G, Alfano R R. Optical polarization imaging[J]. Applied Optics, 1997, 36(1): 150-155.

[187] Demos S G, Radousky H B, Alfano R R. Subsurface imaging using the spectral polarization difference technique and NIR illumination[C]. Conference on Optical Tomography and Spectroscopy of Tissue III, San Jose, 1999: 406-410.

[188] 秦琳, 陈名松, 阙斐一. 基于距离选通的水下偏振光成像系统的研究[J]. 电子设计工程, 2011, 19(7): 184-186.

[189] Tian H, Zhu J P, Tan S W, et al. Influence of the particle size on polarization-based range-gated imaging in turbid media[J]. AIP Advances, 2017, 7(9): 95310-95321.

[190] Schechner Y Y, Karpel N. Recovery of underwater visibility and structure by polarization analysis[J]. IEEE Journal of Oceanic Engineering, 2005, 30(3): 570-587.

[191] Huang B J, Liu T G, Hu H F, et al. Underwater image recovery considering polarization effects of objects[J]. Optics Express, 2016, 24(9): 9826-9838.

[192] 卫毅, 刘飞, 杨奎, 等. 浅海被动水下偏振成像探测方法[J]. 物理学报, 2018, 67(18): 184202-184211.

[193] Treibitz T, Schechner Y Y. Active Polarization Descattering[J]. IEEE Transactions on Pattern Analysis and Machine Intelligence, 2009, 31(3): 385-399.

[194] Han P L, Liu F, Yang K, et al. Active underwater descattering and image recovery[J]. Applied Optics, 2017, 56(23): 6631-6638.

[195] Hu H F, Zhao L, Li X B, et al. Underwater image recovery under the nonuniform optical field based on polarimetric imaging[J]. IEEE Photonics Journal, 2018, 10(1): 9-18.

[196] 管今哥, 赵勇, 郑永秋, 等. 基于无散射参照偏振成像技术的水下目标光学检测(英文)[J]. 测试科学与仪器: 英文版, 2020, 11(4): 335-342.

[197] Hu H F, Zhang Y B, Li X B, et al. Polarimetric underwater image recovery via deep learning[J]. Optics and Lasers in Engineering, 2020, 133: 5-9.

[198] 曹念文, 刘文清, 张玉钧. 偏振成像技术提高成像清晰度、成像距离的定量研究[J]. 物理学报, 2000, 49(1): 61-66.

[199] Chang P C Y, Flitton J C, Hopcraft K I, et al. Improving visibility depth in passive underwater imaging by use of polarization[J]. Applied Optics, 2003, 42(15): 2794-2803.

[200] Wang H, Yang T, An Y. The usage of polarity character of underwater laser beam in target image detection[J]. Acta Photonica Sinica, 2003, 32(1): 9-13.

[201] Namer E, Schechner Y Y. Advanced visibility improvement based on polarization filtered images[J]. Proceedings of the SPIE-The International Society for Optical Engineering, 2005, 5888(1): 1-10.

[202] Sabbah S, Lerner A, Erlick C, et al. Under water polarization vision: A physical examination[J]. Transworld Research Network, 2005, 661(2): 3-15.

[203] Voss K J, Gleason A C R, Gordon H R, et al. Observation of non-principal plane neutral points in the in-water upwelling polarized light field[J]. Optics Express, 2011, 19(7): 5942-5952.

[204] Schechner Y Y, Diner D J, Martonchik J V. Spaceborne underwater imaging[C]. IEEE International Conference on Computational Photography, Pittsburgh, 2011.

[205] Williams J W, Tee H S, Poulter M A. Image processing and classification for the UK remote minefield detection system infrared polarimetric camera[C]. Conference on Detection and Remediation Technologies for Mines and Minelike Targets VI, Orlando, 2001: 139-152.

[206] Tian H, Zhu J P, Zhang Y Y, et al. Image contrast for different imaging methods in turbid media[J]. Acta Physica Sinica, 2016, 65(8): 7-14.

[207] Tian H, Zhu J P, Tan S W, et al. Rapid underwater target enhancement method based on polarimetric imaging[J]. Optics and Laser Technology, 2018, 108(10): 515-520.

[208] Cremer F. Infrared polarization measurements and modeling applied to surface-laid antipersonnel landmines[J]. Optical Engineering, 2002, 41(5): 1021-1032.

[209] Tyo J S, Ratliff B M, Boger J K, et al. The effects of thermal equilibrium and contrast in LWIR polarimetric images[J]. Optics Express, 2007, 15(23): 15161-15167.

[210] Hagen N. Snapshot imaging spectropolarimetry[D]. Arizona: The University of Arizona, 2008.

[211] Woolley M, Michalson J, Romano J. Observations on the polarimetric imagery collection experiment database[J]. Proceedings of SPIE-The International Society for Optical Engineering, 2011, 8160(22): 81600P-81600P-81616.

[212] Meyers J P. Modeling polarimetric imaging using DIRSIG[D]. Rochester: Rochester Institute of Technology, 2002.

[213] Forssell G. Model calculations of polarization scattering from 3-dimensional objects with rough surfaces in the IR wavelength region[J]. Polarization Science and Remote Sensing II, 2005, 5888.

[214] Gartley M G. Polarimetric modeling of remotely sensed scenes in the thermal infrared[D]. Rochester: Rochester Institute of Technology, 2007.

[215] Nicodemu F E. Directional reflectance and emissivity of an opaque surface [J]. Applied Optics, 1965, 4(7): 767-774.

[216] Tyo J S, Goldstein D L, Chenault D B, et al. Review of passive imaging polarimetry for remote sensing applications[J]. Applied Optics, 2006, 45(22): 5453-5469.

[217] Nie J S, Wang Z. Summarize of infrared polarization imaging detection technology[J]. Infrared Technology, 2006, 28(2): 63-67.

[218] Deas R M, Playle N A, Long K J. Trial of a vehicle mounted UK electro-optic countermine sensor system as part of a UK/US collaborative program-art[C]. Conference on Detection and Remediation Technologies for Mines and Minelike Targets XII, Orlando, 2007: 55314-55314.

[219] de Jong W, Cremer F, Schutte K, et al. Usage of polarisation features of landmines for improved automatic detection[C]. Conference on Detection and Remediation Technologies for Mines and Minelike Targets V, Orlando, 2000: 241-252.

[220] Aron Y, Gronau Y. Polarization in the LWIR-a method to improve target acquisition[C]. Conference on Infrared Technology and Applications XXXI, Orlando, 2005: 653-661.

[221] Ratliff B M, LeMaster D A, Mack R T, et al. Detection and tracking of RC model aircraft in LWIR microgrid polarimeter data[C]. Conference on Polarization Science and Remote Sensing V, San Diego, 2011.

[222] 李树涛, 李聪妤, 康旭东. 多源遥感图像融合发展现状与未来展望[J]. 遥感学报, 2021, 25(1): 148-166.

[223] Granier X, Heidrich W. A simple layered RGB BRDF model[C]. 10th Pacific Conference on Computer Graphics and Applications, Tsinghua Univ, Beijing, 2002: 30-37.

[224] Renhorn I G E, Boreman G D. Analytical fitting model for rough-surface BRDF[J]. Optics Express, 2008, 16(17): 12892-12898.

[225] Ashikhmin M, Shirley P. An anisotropic phong BRDF model[J]. Journal of Graphics Tools, 2000, 5(2): 25-32.

[226] 吴振森, 谢东辉, 谢品华, 等. 粗糙表面激光散射统计建模的遗传算法[J]. 光学学报, 2002, 22(8): 897-907.

[227] Zhang N, Zhu J P, Zhang Y Y, et al. Broadband snapshot polarimetric imaging based on dispersion-compensated Savart plates[J]. Optics Communications, 2020, 457: 6.

[228] 王希. 典型雾霾粒子模型的 T 矩阵法光散射偏振特性分析[D]. 西安: 西安理工大学, 2019.

[229] 黄胜友. 复杂环境中随机粒子的运动和分布形态[D]. 武汉: 武汉大学, 2022.

[230] 陈延如, 王家旺. 圆偏振光和线偏振光散射特性分析与比较[J]. 量子电子学报, 1997, 14 (6): 551-557.

[231] 简小华, 张淳民, 祝宝辉, 等. 利用偏振干涉成像光谱仪进行偏振探测的新方法[J]. 物理学报, 2008, 57(12): 7565-7570.

[232] 张宁, 朱京平, 宗康, 等. 通道调制型偏振成像系统的波段宽度限制判据[J]. 物理学报, 2016, (7): 204-210.

[233] Li J, Gao B, Qi C, et al. Tests of a compact static Fourier-transform imaging spectropolarimeter[J]. Optics Express, 2014, 22(11): 13014-13021.

[234] 李杰, 朱京平, 齐春, 等. 大孔径静态超光谱全偏振成像技术[J]. 红外与激光工程, 2014, 43(2): 574-578.

[235] Li J, Zhu J P, Qi C, et al. Compact static imaging spectrometer combining spectral zooming capability with a birefringent interferometer[J]. Optics Express, 2013, 21(8): 10182-10187.

[236] 李杰, 朱京平, 齐春, 等. 静态傅里叶变换超光谱全偏振成像技术[J]. 物理学报, 2013, (4): 185-190.

[237] Li J, Zhu J P, Hou X. Field-compensated birefringent Fourier transform spectrometer[J]. Optics Communications, 2011, 284(5): 1127-1131.

[238] Li J, Zhu J P, Wu H Y, et al. Design and performance of a compact, miniature static Fourier transform imaging spectropolarimeter[C]. 4th International Symposium on Photoelectronic Detection and Imaging (ISPDI)-Sensor and Micromachined Optical Device Technologies, Beijing, 2011.

[239] 罗海波, 刘燕德, 兰乐佳, 等. 分焦平面偏振成像关键技术[J]. 华东交通大学学报, 2017, 34(1): 8-13.

[240] Zhao Y Q, Gong P, Pan Q. Object detection by spectropolarimeteric imagery fusion[J]. IEEE Transactions on Geoscience and Remote Sensing, 2008, 46(10): 3337-3345.

[241] 王晔, 何宏辉, 曾楠, 等. 基于穆勒矩阵的偏振显微镜及其在生物医学领域的应用[J]. 世界复合医学, 2015, (1): 74-78.

[242] 杨之文, 高胜钢, 王培纲. 几种地物反射光的偏振特性[J]. 光学学报, 2005, 25(2): 241-245.

[243] 高瑞娟, 王春华, 宁金星, 等. 基于 Mueller 矩阵的生物细胞偏振显微成像[J]. 激光与光电子学进展, 2021, 58(18): 400-407.

[244] 陈修国, 袁奎, 杜卫超, 等. 基于 Mueller 矩阵成像椭偏仪的纳米结构几何参数大面积测量[J]. 物理学报, 2016, (7): 77-87.

[245] 王中飞, 张大伟, 王琦, 等. 亚波长金属光栅的发展趋势[J]. 激光与光电子学进展, 2015, 52(1): 14-22.

[246] 孙婷, 王宇, 郭任彤, 等. 强激光驱动高能极化正负电子束与偏振伽马射线的研究进展[J]. 物理学报, 2021, 70(8): 111-122.

[247] 李轩, 刘飞, 邵晓鹏. 偏振三维成像技术的原理和研究进展[J]. 红外与毫米波学报, 2021, 40(2): 248-262.